从零开始学技术—土建工程系列

油 漆 工

危 莹 主编

中国铁道出版社

2012年·北京

内 容 提 要

本书是按住房和城乡建设部、劳动和社会保障部发布的《职业技能标准》和《职业技能岗位鉴定规范》内容，结合农民工实际情况，将农民工的理论知识和技能知识编成知识点的形式，系统地介绍了油漆、涂料的调配、油漆工操作技术、建筑装修涂饰工程、防火、防腐涂料施工、防水涂料施工、油漆工安全操作与环保等。本书技术内容最新、最实用，文字通俗易懂，语言生动，并辅以大量直观的图表，能满足不同文化层次的技术工人和读者的需要。

本书可作为建筑业农民工职业技能培训教材，也可供建筑工人自学以及高职、中职学生参考使用。

图书在版编目(CIP)数据

油漆工/危莹主编. —北京：中国铁道出版社，2012.6
(从零开始学技术. 土建工程系列)
ISBN 978-7-113-13765-6

Ⅰ.①油… Ⅱ.①危… Ⅲ.①建筑工程—涂漆—基本知识 Ⅳ.①TU767

中国版本图书馆 CIP 数据核字(2011)第 223701 号

书　名：	从零开始学技术—土建工程系列
	油 漆 工
作　者：	危 莹
策划编辑：	江新锡　徐 艳
责任编辑：	徐 艳　江新照　**电话**：010—51873193
助理编辑：	胡娟娟
封面设计：	郑春鹏
责任校对：	孙 玫
责任印制：	郭向伟

出版发行：中国铁道出版社(100054，北京市西城区右安门西街 8 号)
网　　址：http://www.tdpress.com
印　　刷：化学工业出版社印刷厂
版　　次：2012 年 6 月第 1 版　2012 年 6 月第 1 次印刷
开　　本：850mm×1168mm　1/32　印张：6.375　字数：155 千
书　　号：ISBN 978-7-113-13765-6
定　　价：18.00 元

版权所有　侵权必究

凡购买铁道版的图书，如有缺页、倒页、脱页者，请与本社读者服务部联系调换。
电　　话：市电(010)51873170，路电(021)73170(发行部)
打击盗版举报电话：市电(010)63549504，路电(021)73187

从零开始学技术丛书
编写委员会

主　任：魏文彪

副主任：郭丽峰　周　胜

主　审：岳永铭

委　员：范首臣　　侯永利　　姜　海　　靳晓勇
　　　　李　伟　　李志刚　　闫　盈　　孟文璐
　　　　彭　菲　　施殿宝　　吴丽娜　　吴志斌
　　　　熊青青　　袁锐文　　赵春海　　张海英
　　　　赵俊丽　　张日新　　张建边　　张福芳
　　　　张春霞　　周　胜　　危　莹　　闫　晨
　　　　杜海龙

前　言

　　随着我国经济建设飞速发展,城乡建设规模日益扩大,建筑施工队伍不断增加,建筑工程基层施工人员肩负着重要的施工职责,是他们依据图纸上的建筑线条和数据,一砖一瓦地建成实实在在的建筑空间,他们技术水平的高低,直接关系到工程项目施工的质量和效率,关系到建筑物的经济和社会效益,关系到使用者的生命和财产安全,关系到企业的信誉、前途和发展。

　　建筑业是吸纳农村劳动力转移就业的主要行业,是农民工的用工主体,也是示范工程的实施主体。按照党中央和国务院的部署,要加大农民工的培训力度。通过开展示范工程,让企业和农民工成为最直接的受益者。

　　丛书结合原建设部、劳动和社会保障部发布的《职业技能标准》和《职业技能岗位鉴定规范》,以实现全面提高建设领域职工队伍整体素质,加快培养具有熟练操作技能的技术工人,尤其是加快提高建筑业基层施工人员职业技能水平,保证建筑工程质量和安全,促进广大基层施工人员就业为目标,按照国家职业资格等级划分要求,结合农民工实际情况,具体以"职业资格五级(初级工)"、"职业资格四级(中级工)"和"职业资格三级(高级工)"为重点而编写,是专为建筑业基层施工人员"量身订制"的一套培训教材。

　　同时,本套教材不仅涵盖了先进、成熟、实用的建筑工程施工技术,还包括了现代新材料、新技术、新工艺和环境、职业健康安全、节能环保等方面的知识,力求做到技术内容先进、实用,文字通俗易懂,语言生动,并辅以大量直观的图表,能满足不同文化层次的技术工人和读者的需要。

　　本丛书在编写上充分考虑了施工人员的知识需求,形象具体地阐述施工的要点及基本方法,以使读者从理论知识和技能知识两方面掌握关键点。全面介绍了施工人员在施工现场所应具备的技术及其操作岗位的基本要求,使刚入行的施工人员与上岗"零距离"接口,尽快入门,尽快地从一个新手转变成为一个技术高手。

从零开始学技术丛书共分三大系列,包括:土建工程、建筑安装工程、建筑装饰装修工程。

土建工程系列包括:

《测量放线工》、《架子工》、《混凝土工》、《钢筋工》、《油漆工》、《砌筑工》、《建筑电工》、《防水工》、《木工》、《抹灰工》、《中小型建筑机械操作工》。

建筑安装工程系列包括:

《电焊工》、《工程电气设备安装调试工》、《管道工》、《安装起重工》、《通风工》。

建筑装饰装修工程系列包括:

《镶贴工》、《装饰装修木工》、《金属工》、《涂裱工》、《幕墙制作工》、《幕墙安装工》。

本丛书编写特点:

(1)丛书内容以读者的理论知识和技能知识为主线,通过将理论知识和技能知识分篇,再将知识点按照【技能要点】的编写手法,读者将能够清楚、明了地掌握所需要的知识点,操作技能有所提高。

(2)以图表形式为主。丛书文字内容尽量以表格形式表现为主,内容简洁、明了,便于读者掌握。书中附有读者应知应会的图形内容。

编者
2012 年 3 月

目　录

第一章　油漆、涂料的调配

第一节　调配涂料颜色

【技能要点 1】调配涂料颜色原则和方法

1. 调配涂料颜色原则

(1)颜料与调制涂料相配套的原则。

在涂刷材料配制色彩的过程中,所使用的颜料与配制的涂料性质必须相同,不起化学反应,才能保证色彩配制涂料的相容性、成色的稳定性和涂料的质量,否则,就配制不出符合要求的涂料。如油基颜料适用于配制油性的涂料,而不适用配制硝基涂料。

(2)选用颜料的颜色组合正确、简练的原则。

1)对所需涂料颜色必须正确地分析,确认标准色板的色素构成,并且正确分析其主色、次色、辅色等。

2)选用的颜料品种简练。能用原色配成的不用间色,能用间色配成的不用复色,切忌撮药式的配色。

(3)涂料配色先主色、后副色、再次色,依序渐进、由浅入深的原则。

1)调配某一色彩涂料的各种颜料的用量,先可作少量的试配,认真记录所配原涂料与所加入的各种颜料的比例。

2)所需的各色素最好进行等量的稀释,以便在调配过程中能充分地融合。

3)要正确判断所调制的涂料与样板色的成色差。一般认为油色宜浅一成,水色宜深三成左右。

4)单个工程所需的涂料按其用量最好一次配成,以免多次调配造成色差。

2. 调配涂料颜色方法

(1)调配各色涂料颜色是按照涂料样板颜色来进行的。首先配小样,初步确定几种颜色参加配色,然后将这几种颜色分装在容器中,先称其质量,然后进行调配。调配完成后再称一次,两次称量之差即可求出参加配色的各种颜色的用量及比例。这样,可作为配大样的依据。

(2)在配色过程中,以用量大、着色力小的颜色为主(称主色),再以着色力较强的颜色为副(次色),缓慢间断地加入,并不断搅拌,随时观察颜色的变化。在试样时待所配涂料干燥后与样板色相比,观察其色差,以便及时调整。

(3)调配时不要急于求成,尤其是加入着色力强的颜色时切忌过量,否则,配出的颜色就不符合要求而造成浪费。

(4)由于颜色常有不同的色头,如要配正绿时,一般采用带绿头的、黄头的蓝;配紫红色时,应采用带红头的蓝与带蓝头的、红头的黄。

(5)在调色时还应注意加入辅助材料对颜色的影响。

3. 涂料稠度的调配

因贮藏或气候原因,造成涂料稠度过大,应在涂料中掺入适量的稀释剂,使其稠度降至符合施工要求。稀释剂的分量不宜超过涂料重量的 20%,超过就会降低涂膜性能。稀释剂必须与涂料配套使用,不能滥用以免造成质量事故。如虫胶漆须用乙醇稀释,而硝基漆则要用香蕉水。

【技能要点 2】常用涂料颜色调配

(1)色浆颜料用量配合比见表 1—1。

表 1—1　色浆颜料用量配合比(供参考)

序号	需调配的颜色名称	颜料名称	配合比(占白色原料)(%)
1	米黄色	朱红 土黄	0.3~0.9 3~6
2	草绿色	砂绿 土黄	5~8 12~15

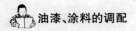

续上表

序号	需调配的颜色名称	颜料名称	配合比(占白色原料)(%)
3	蛋青色	砂绿 土黄 群青	8 5～7 0.5～1
4	浅蓝 灰色	普蓝 墨汁	8～12 少许
5	浅藕 荷色	朱红 群青	4 2

(2)常用涂料颜色的配合比见表1—2。

表1—2　常用涂料颜色配合比

序号	需调配的颜色名称	配合比(%)		
		主色	副色	次色
1	粉红色	白色 95	红色 5	—
2	赭黄色	中黄 60	铁红 40	—
3	棕色	铁红 50	中黄 25、紫红 12.5	黑色 12.5
4	咖啡色	铁红 74	铁黄 20	黑色 6
5	奶油色	白色 95	黄色 5	—
6	苹果绿色	白色 94.6	绿色 3.6	黄色 1.8
7	天蓝色	白色 91	蓝色 9	—
8	浅天蓝色	白色 95	蓝色 5	—
9	深蓝色	蓝色 35	白色 13	黑色 2
10	墨绿色	黄色 37	黑色 37、绿色 26	—
11	草绿色	黄色 65	中黄 20	蓝色 15
12	湖绿色	白色 75	蓝色 10、柠檬黄 10	中黄 15
13	淡黄色	白色 60	黄色 40	—

序号	需调配的颜色名称	配合比（%）		
		主色	副色	次色
14	橘黄色	黄色 92	红色 7.5	淡蓝 0.5
15	紫红色	红色 95	蓝色 5	—
16	肉色	白色 80	橘黄 17	中蓝 3
17	银灰色	白色 92.5	黑色 5.5	淡蓝 2
18	白色	白色 99.5	群青 0.5	—
19	象牙色	白色 99.5	淡黄 0.5	—

第二节　常用腻子调配

【技能要点 1】材料选用

（1）填料能使腻子具有稠度和填平性。一般化学性稳定的粉质材料都可选用为填料，如大白粉、滑石粉、石膏粉等。

（2）固结料是能把粉质材料结合在一起，并能干燥固结成有一定硬度的材料，如蛋清、动植物胶、油漆或油基涂料。

（3）凡能增加腻子附着力和韧性的材料，都可作黏结料，如桐油（光油）、油漆、干性油等。

调配腻子所选用的各类材料，各具特性，调配的关键是要使它们相容。如油与水混合，要处理好，否则就会产生起孔、起泡、难刮、难磨等缺陷。

【技能要点 2】调配方法

调配腻子时，要注意体积比。为利于打磨一般要先用水浸透填料，减少填料的吸油量。配石膏腻子时，宜油、水交替加入，否则干结后不易打磨。调配好的腻子要保管好，避免干结。

常用腻子的调配、性能及用途见表1—3。

表 1—3 常用腻子的调配、性能及用途

腻子种类	配比(体积比)及调制	性能及用途
石膏腻子	石膏粉∶熟桐油∶松香水∶水＝10∶7∶1∶6 先把熟桐油与松香水进行充分搅拌,再加入石膏粉,并加水调和	质地坚韧,嵌批方便,易于打磨。适用于室内抹灰面、木门窗、木家具、钢门窗等
胶油腻子	石膏粉∶老粉∶熟桐油∶纤维胶＝0.4∶10∶1∶8	润滑性好,干燥后质地坚韧牢固,与抹灰面附着力好,易于打磨。适用于抹灰面上的水性和溶剂型涂料的涂层
水粉腻子	老粉∶水∶颜料＝1∶1∶适量	着色均匀,干燥快,操作简单。适用于木材面刷清漆
油粉腻子	老粉∶熟桐油∶松香水(或油漆)∶颜料＝14.2∶1∶4.8∶适量	质地牢,能显露木材纹理,干燥慢,木材面的棕眼需填孔着色
虫胶腻子	稀虫胶漆∶老粉∶颜料＝1∶2∶适量(根据木材颜色配定)	干燥快,质地坚硬,附着力好,易于着色。适用于木器油漆
内墙涂料腻子	石膏粉∶滑石粉∶内墙涂料＝2∶2∶10(体积比)	干燥快,易打磨。适用于内墙涂料面层

第三节　大白浆、石灰浆、虫胶漆的调配

【技能要点1】大白浆的调配

调配大白浆的胶粘剂一般采用聚醋酸乙烯乳液、羧甲基纤维素胶。

大白浆调配的质量配合比为老粉：聚醋酸乙烯乳液：羧甲基纤维素胶：水＝100：8：35：140。其中，羧甲基纤维素胶需先进行配制，它的配制质量比约为羟甲基纤维素：聚乙烯醇缩甲醛：水＝1：5：(10～15)。根据以上配合比配制的大白浆质量较好。

调配时，先将大白粉加水拌成糊状，再加入羧甲基纤维素胶，边加入边搅拌。经充分拌和，成为较稠的糊状，再加入聚醋酸乙烯乳液。搅拌后用80目铜丝箩过滤即成。如需加色，可事先将颜料用水浸泡，在过滤前加入大白浆内。选用的颜料必须要有良好的耐碱性，如氧化铁黄、氧化铁红等。如耐碱性较差，容易产生咬色、变色。当有色大白浆出现颜色不匀和胶花时，可加入少量的六偏磷酸钠分散剂搅拌均匀。

【技能要点2】石灰浆的调配

调配时，先将70%的清水放入容器中，再将生石灰块放入，使其在水中消解。其质量配合比为生石灰块：水＝1：6，待24 h生石灰块经充分吸水后才能搅拌，为了涂刷均匀，防止刷花，可往浆内加入微量墨汁；为了提高其黏度，可加5%的108胶或约2%的聚醋酸乙烯乳液；在较潮湿的环境条件下，可在生石灰块消解时加入2%的熟桐油。如抹灰面太干燥，刷后附着力差，或冬天低温刷后易结冰，可在浆内加入0.3%～0.5%的食盐(按石灰浆质量)。如需加色则与有色大白浆的配制方法相同。

为了便于过滤，在配制石灰浆时，可多加些水，使石灰浆沉淀，使用时倒去上面部分清水，如太稠，还可加入适量的水稀释搅匀。

【技能要点3】虫胶漆的调配

虫胶漆是用虫胶片加酒精调配而成的。

一般虫胶漆的质量配合比为虫胶片∶酒精＝1∶4,也可根据施工工艺的不同确定需要的配合比为虫胶片∶酒精＝1∶(3~10);用于揩涂的可配成虫胶片∶酒精＝1∶5;用于理平见光的可配成虫胶片∶酒精＝1∶(7~8);当气温高、干燥时,酒精应适当多加些;当气温低、湿度大时,酒精应少加些,否则,涂层会出现返白。

调配时,先将酒精放入容器(不能用金属容器,一般用陶瓷、塑料等器具),再将虫胶片按比例倒入酒精内,过24 h溶化后即成虫胶漆,也称虫胶清漆。

为保证质量,虫胶漆必须随配随用。

第四节　着色剂的调配

【技能要点1】水色调配

水色的调配因其用料的不同有两种方法。

(1)一种是以氧化铁颜料(氧化铁黄、氧化铁红等)作原料,将颜料用开水泡开,使之全部溶解,然后加入适量的墨汁,搅拌成所需要的颜色,再加入皮胶水或血料水,经过滤即可使用。配合比大约是水∶皮胶水∶氧化铁颜料＝(6~7)∶(1~2)∶(1~2)。由于氧化铁颜料施涂后物面上会留有粉层,加入皮胶、血料水的目的是为了增加附着力。

此种水色颜料易沉淀,所以在使用时应经常搅拌,才能使涂色一致。

(2)另一种是以染料作原料,染料能全部溶解于水,水温越高,越能溶解,所以要用开水浸泡后再在炉子上炖一下。一般使用的是酸性染料和碱性染料,如黄纳粉、酸性橙等,有时为了调整颜色,还可加少许墨汁。水色配合比见表1—4。

水色的特点是:容易调配,使用方便,干燥迅速,色泽艳丽,透明度高。但在配制中应避免酸、碱两种性质的颜料同时使用,以防颜料产生中和反应,降低颜色的稳定性。

表1—4　调配水色的配合比(供参考)

质量配合比 ＼ 色相 原料	柚木色	深柚木色	粟壳色	深红木色	古铜色
黄纳粉	4	3	13	—	5
黑纳粉	—	—	—	15	—
墨汁	2	5	24	18	15
开水	94	92	63	67	80

【技能要点2】酒色调配

酒色同水色一样,是在木材面清色透明活施涂时用于涂层的一种自行调配的着色剂。其作用介于铅油和清油之间,既可显露木纹,又可对涂层起着色作用,使木材面的色泽一致。调配时将碱性颜料或醇溶性染料溶解于酒精中,加入适量的虫胶清漆充分搅拌均匀,称为酒色。

施涂酒色需要有较熟练的技术。首先要根据涂层色泽与样板的差距,调配酒色的色调,最好调配得淡一些,免得一旦施涂深了,不便再整修。酒色的特点是酒精挥发快,因此酒色涂层干燥快。这样可缩短工期,提高工效。因施涂酒色干燥快,技能要求也较高,施涂酒色还能起封闭作用,目前在木器家具施涂硝基清漆时普遍应用酒色。

酒色的配合比要按照样板的色泽灵活掌握。虫胶酒色的配合比一般为碱性颜料或醇溶性染料浸于虫胶:酒精＝(0.1～0.2):1的溶液中,使其充分溶解拌匀即可。

【技能要点3】油色调配

油色(俗称发色油)是介于铅油与清漆之间的一种自行调配的着色涂料,施涂于木材表面后,既能显露木纹又能使木材底色一致。

　　油色所选用的颜料一般是氧化铁系列的，耐晒性好，不易退色。油类一般常采用铅油或熟桐油，其参考质量配合比为铅油：熟桐油：松香水：清油：催干剂＝7∶1.1∶8∶1∶0.6。

　　油色的调配方法与铅油大致相同，但要细致。将全部用量的清油加2/3用量的松香水，调成混合稀释料，再根据颜色组合的主次，将主色铅油称量好。倒入少量稀释料充分拌和均匀。然后再将副色、次色铅油依次逐渐加到主色铅油中调拌均匀，直到配成要求的颜色，然后再把全部混合稀释料加入，搅拌后再将熟桐油、催干剂分别加入并搅拌均匀，用100目铜丝笼过滤，除去杂质，最后将剩下的松香水全部掺入铅油内，充分搅拌均匀，即为油色。

　　油色一般用于中高档木家具，其色泽不及水色鲜明艳丽，且干燥缓慢，但在施工上比水色容易操作，因而适用于木制品件的大面积施工。油色使用的大多是氧化颜料，易沉淀，所以在施涂料中要经常搅拌，才能使施涂的颜色均匀一致。

第二章　油漆工操作技术

第一节　嵌　批

【技能要点1】基本要求

批刮腻子时，手持铲刀与物面倾斜成 50°～60°角，用力填刮。木材面、抹灰面必须是在经过清理并达到干燥要求后进行；金属面必须经过底层除锈，涂上防锈底漆，并在底漆干燥后进行。

为了使腻子达到一定的性能，批刮腻子必须分几次进行。每批刮完一次算一遍，如头遍腻子、二遍腻子等。要求高的精品要达到四遍以上。每批刮一遍，腻子都有它的重点要求。

批刮腻子的要领是实、平、光，如图 2—1 所示。

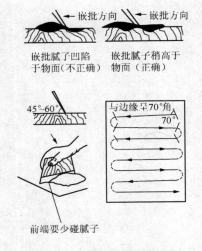

图 2—1　批嵌腻子操作要领

腻子简介

腻子又叫批灰或填泥，是用大量体质颜料与胶粘剂等混合调制成的糊状物。腻子是油漆前制作平整底层不可缺少的材料。它能将物面上的洞眼、裂缝、砂眼、木纹鬃眼以及其他缺陷处填实补平，使物面平整，油漆时省料、省工、省力，同时能提高漆面的光滑度，增加物面的美观。

腻子根据所用黏结材料种类的不同，可分为水性腻子、油性腻子和漆基腻子。用皮胶或骨胶作为黏结料调成的腻子叫水性腻子；用桐油等作为黏结料制成的腻子叫油性腻子；用漆料作为黏结料配成的腻子叫漆基腻子。

漆基腻子又分为慢干漆基腻子和快干漆基腻子。用催干剂干燥的漆料做成的腻子称为慢干腻子，用挥发剂干燥的漆料拌成的腻子称为快干腻子。

它要求具有很牢固的附着力，对上层底漆有较好的结合力，并且要求色泽基本一致，操作工序简便，干燥快，封闭性好，便于操作。

1. 第一遍腻子

要调得稠厚些，把木材表面的缺陷如虫眼、节疤、裂缝、刨痕等明显处嵌批一下，要求四边粘实。这遍要领是"实"。

2. 第二遍腻子

重点要求填平，在第一遍腻子干燥后，再批刮第二遍腻子。这遍腻子要调得稍稀一些，把第一遍腻子因干燥收缩而仍然不平的凹陷和整个物面上的棕眼满批一遍，要求平整。

3. 第三遍腻子

要求光，为打磨创造条件，每遍腻手的操作次序，为先上后下，先左后右，先平面后棱角。刮涂后，要及时将不应刮涂的地方擦净、抠净，以免干结后不好清理。

【技能要点2】操作技法

1. 技法

(1)橡胶刮板。拇指在前,其余四指托于其后使用。多用于涂刮圆柱、圆角、收边、刮水性腻子和不平物件的头遍腻子。

(2)木刮板。顺用的,虎口朝前大把握着使用。因为它刃平而光,又能带住腻子,所以用它刮平面是最合适的,既能刮薄又能刮厚。横刃的大刮板,用两手拿着使用,先用铲刀将腻子挑到物件上,然后进行刮涂。特点是适于刮平面和顺着刮圆棱。

(3)硬质塑料刮板。因为弹性较差,腰薄,不能刮涂稠腻子,带腻子的效果也不太好,所以只用于刮涂过氯乙烯腻子(其腻子稠度低)。

(4)钢刮板。板厚体重,板薄腰软,刮涂密封性好,适合刮光。

(5)牛角刮板。具有与椴木刮板相同的效能,其刃韧而不倒,只适合找腻子使用。做腻子讲究盘净、板净,刮得实,干净利落边角齐,平整光滑易打磨,无孔无泡再涂刷。

2. 嵌批方法

嵌批在涂饰施工中,占用工时最多,要求工艺精湛。嵌批质量好,可以弥补基层的缺陷。故除要熟悉嵌批技巧和工具的使用外,根据不同基层、不同的涂饰要求,掌握、选择不同的腻子也非常重要,见表2—1～表2—3。

表2—1　木质面基层腻子的选用及嵌批方法

涂层做法	腻子选用及嵌批方法
清油→铅油→色漆面涂层	选用石膏油腻子。在清油干后嵌批。对较平整的表面用钢皮刮板批刮,对不平整表面可用橡胶刮板批刮
清油→油色→清漆面涂层	选用与清油颜色相同的石膏油腻子。嵌批腻子应在清油干后进行。棕眼多的木材面满刮腻子。磨平嵌补部位腻子

续上表

涂层做法	腻子选用及嵌批方法
润粉→漆片→硝基清漆面涂层	选用漆片大白浆腻子。润油粉后嵌补。表面平整时可在刷过2~3遍漆片后,用漆片大白粉腻子嵌补;表面坑凹时用加色石膏油腻子嵌补,颜色与油粉相同。室内木门可在润粉前用漆片大白粉腻子嵌补,嵌满填实,略高出表面,以防干缩
清油→油色→漆片→清漆面涂层	选用加色石膏油腻子,在清油干后满批。对表面比较光洁的红、白松面层采用嵌补;对缺陷较多的杂木面层一般要满批
水色→清油→清漆面涂层	选用加色石膏油腻子,在清油干后满批。为使木纹清晰要把腻子收刮干净。待批刮的腻子干后,再嵌补洞眼凹陷
润油粉→聚氨酯清漆底→聚氨酯清漆面涂层	选用聚氨酯清漆腻子,腻子颜色要调成与物面色相同。在润完油粉后嵌批。嵌批时动作要快,不能多刮,只能一个来回
清油→油色→清漆面涂层(木地板油漆)	选用石膏油腻子。先将裂缝等缺陷处用稠石膏油腻子嵌填,打磨、清扫,再满批刮。满批腻子用水量要少,油量增加20%。满批前先把腻子在地板上做成条状,双手用大刮板边批刮边收净腻子
润油粉→漆片→打蜡涂层(木地板油漆)	选用石膏油腻子。嵌补腻子要在润油粉、刷二道漆片后进行。腻子的加色要和漆片颜色相同,嵌疤要小,一般不满批

表 2—2　水泥、抹灰面层腻子的选用及嵌批方法

涂层做法	腻子选用及嵌批方法
无光漆或调和漆涂层	选用石膏油腻批头遍腻子干后不宜打磨,二遍腻子批平整。水泥砂浆面要纵横各批一遍
大白浆涂层	选用莱胶腻子或纤维素大白腻子。满批一遍,干后嵌补。如刷色浆,批加色腻子
过氯乙烯漆涂层	选用成品腻子。在底漆干后,随嵌随刮(不满批),不能多刮以免底层翻起
石灰浆涂层	选用石灰膏腻子。在第一遍石灰浆干后嵌补,用钢皮刮板将表面刮平

表 2—3　金属面层腻子的选用及嵌批方法

涂层做法	腻子选用及嵌批方法
防锈漆一色漆涂层	选用石膏油腻子。防锈漆干后嵌补。为增加腻子干性宜在腻子中加入适量厚漆或红丹粉
喷漆涂层	选用石膏腻子或硝基腻子。为避免出现龟裂和起泡,在底漆干后嵌批。头道腻子批刮宜稠,使表面呈粗糙。二、三道腻子稀。硝基腻子干燥快,批刮要快,厚度不超过 1 mm。第二遍腻子要在头遍腻子干燥后批刮。硝基腻子干后坚硬。不易打磨,尽量批刮平

【技能要点 3】两三下成活涂法

1. 挖腻子

从桶内把腻子挖出来放在托盘上,将水除净,以稀料调整稠度合适后,用湿布盖严,以防干结和混入异物。当把物件全部清理好

后,用刮板在托盘的一头挖一小块腻子使用,挖腻子是平着刮板向下挖,不要向上掘。

2. 抹腻子

把挖起来的腻子,马上往物件左上角打,即要放的干净利落。这一抹要用力均衡,速度一致,逢高不抬,逢低不沉,两边相顾,涂层均匀。腻子的最厚层以物件平面最高点为准,如图 2—2 所示。

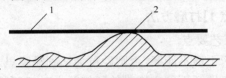

图 2—2　腻子的厚度以物面最高点为准
1—抹腻子平面;2—物面最高点

3. 刮腻子

为同一板腻子的第二下。先将剩余的腻子打在紧挨刮板腻子的右上角,把刮板里外擦净,再接上一次抹板的路线,留出几毫米宽的厚层不刮,用力按着刮下去,保持平衡并压紧腻子。这时,刮板下的腻子越来越多,所以越刮刮板越趋向于与物面垂直。当刮板刮到头时,将刮板快速竖直,往怀里带,就能把剩余的腻子带下来。把带下的腻子仍然打在右上角。若这一板还没刮完,那么就得按第二下的方法把刮板弄净,再来第三下。刮过这三下,腻子已干结,应争取时间刮紧挨这板的另一板,否则两板接不好。又由于手下过涩,所以再刮就易卷皮。

4. 两三下成活涂法

头一板腻子完成后,紧接着应刮第二板腻子。第二板腻子要求起始早,需要在刮第一板的右边高棱尚未干结以前刮好,使两板相接平整。刮涂第二板时,可按第一板的刮法刮下去,若剩余的腻子不够一板使用,应补充后再刮。两板相接处要涂层一致,保持平整。

分段刮涂的两个面相接时,要等前一个面能托住刮板时再刮,否则易出现卷皮。

防止卷皮或发涩的办法:在同样腻子条件下,只有加快速度刮完,或者再次增添腻子以保证润滑。后增添腻子,涂层增厚,需费工时打磨。

　　除熟练地掌握嵌、批各道腻子的技巧和方法外,还应掌握腻子中各种材料的性能与涂刷材料之间的关系。选用适当性质的腻子及嵌批工具。

第二节　打　　磨

【技能要点 1】打磨方法

1. 打磨工艺要点

(1)涂膜未干透不能磨,否则砂粒会钻到涂膜里。

(2)涂膜坚硬而不平或涂膜软硬相差大时,可利用锋利磨具打磨。如果使用不锋利的磨具打磨,会越磨越不平。

(3)怕水的腻子和触水生锈的工件不能水磨。

(4)打磨完应除净灰尘,以便于下道工序施工。

(5)一定要拿紧磨具保护手,以防把手磨伤。

2. 打磨方式

用手拿砂纸或砂布打磨称为手磨;用木板垫在砂纸或砂布上进行打磨或以平板风磨机打磨称为卡板磨;用水砂纸、水砂布蘸着水打磨称为水磨。

【技能要点 2】手工打磨

1. 打磨要求

先重后轻、先慢后快、先粗后细、磨去凸起,达到表面平整,线角分明。

2. 具体操作

把砂纸或砂布包裹在木垫中,一手抓住垫块,一手压在垫块上,均匀用力。也可用大拇指、小拇指和其他三个手指夹住砂纸打磨,如图 2—3 所示。

打磨涂膜层,涂料施涂过程中,膜面出现橘皮、凹陷或颗粒体质料,采用干磨,用力要轻。膜层坚硬,可先采用溶剂溶化,用水砂纸蘸汽油打磨。

(a)用手打磨　　　　　　(b)砂纸包在木垫上打磨

图 2—3　砂纸打磨法

【技能要点 3】打磨技法

1. 磨头遍腻子

头遍腻子要把物件做平,在腻子刮涂得干净无渣、无突高腻棱时,不需打磨,否则应进行粗磨。粗磨头遍腻子要达到去高就低的目的,一般用破砂轮、粗砂布打磨。

2. 磨二遍腻子

磨二遍腻子即磨头遍与末遍中间的几道腻子。磨二遍腻子可以干磨或水磨,但应用卡板打磨,并要求全部打磨一遍。打磨顺序为先磨平面,后磨棱角。干磨是先磨上后磨下;水磨是先磨下后磨上。圆棱及其两侧直线是打磨重点。这些地方磨整齐了,全物件就整洁美观。面、棱磨完后,换为手磨,找尚未磨到之处和圆角。

3. 磨末遍腻子

如果末遍腻子刮得好,只需要磨光,刮得不好,要先用卡板磨平后,再手磨磨光。在这遍打磨中,磨平要采用 1.5 号砂布或 150 粒度水砂纸;细磨要使用 1～60 号砂布或 220～360 粒度水砂纸,磨的顺序与二遍腻子打磨相同。全部打磨完后,再复查一遍,并用手磨方法把清棱清角轻轻地倒一下,最后全部收拾干净。

4. 磨二道浆

磨二道浆完全采用水磨。浆喷得粗糙,可先用 180 粒度水砂纸卡板磨,再用磨浆喷得细腻的 220～360 粒度水砂纸打磨。磨二道浆不许磨漏,即不许磨出底色来。水磨时,水砂纸或水砂布要在温度为 10 ℃～25 ℃的水中使用,以免发脆。

5. 磨漆腻子

磨漆腻子可以用 60 号砂布蘸汽油打磨,最后用 360 粒度水砂纸水磨。全部磨完后,把灰擦净。

6. 磨漆皮

喷漆以后出现的橘皮或大颗粒都需要打磨。因漆皮很硬不易磨,较严重者可先用溶剂溶化,使其颗粒缩小后再用水砂纸蘸汽油打磨。多蘸汽油,着力轻些就不会出现黏砂纸的现象。采用干磨时,手更要轻一些。

第三节　擦　揩

【技能要点1】擦涂颜色

1. 擦涂方法

掌握木材面显木纹清水油漆的不同上色的擦揩方法(包括润油粉、润水粉擦揩和擦油色),并能做到快、匀、净、洁四项要求。

(1)快:擦揩动作要快,并要变化揩的方向,先横纤维或呈圆圈状用力反复揩涂。设法使粉浆均匀地填满实木纹管孔。

(2)匀:凡需着色的部位不应遗漏,应揩到揩匀,揩纹要细。

(3)洁、净:擦揩均匀后,还要用干净的棉纱头进行横擦竖揩,直至表面的粉浆擦净,在粉浆全部干透前,用剔脚刀或剔角筷将阴角或线角处的积粉剔清,使整个物面洁净、水纹清晰、颜色一致。

2. 操作方法

要先将色调成粥状,用毛刷呛色后,均刷一片物件,约0.5 m²。用已浸湿拧干的软细布猛擦,把所有棕眼腻平,然后再顺着木纹把多余的色擦掉,求得颜色均匀、物面平净。在擦平时,布不要随便翻动,要使布下成为平底。布下成平底的垫法如图2—4所示。颜色多时,将布翻动,取下颜色。要在2~3 min内完成。手下不涩,棕眼擦不平。

图2—4　布下成平底的垫法

【技能要点 2】擦漆片

擦漆片,主要用作底漆。

水性腻子做完以后要想进行涂漆,应先擦上漆片,使腻子增加固结性。

擦漆片一般是用白棉布或白的确良包上一团棉花拧成布球,布球大小根据所擦面积而定,包好后将底部压平,蘸满漆片,在腻子上画圈或画 8 字形,或进行曲线运动,像刷油那样挨排擦均。擦漆片如图 2—5 所示。

(a)擦涂路线　　　　　　　(b)擦涂方式

图 2—5　擦漆片

【技能要点 3】揩蜡克

如清漆的底色,没有把工件全填平,涂完后显亮星,有碍美观。若第二遍硝基清漆以擦涂方法进行,可以填平工件。首先要根据麻眼大小调好漆,麻眼大,漆应稠;麻眼小,可调稀。擦平后,再以溶剂擦光但不打蜡。

涂硝基漆后,涂膜达不到洁净、光亮的质量要求,可以进行抛光。抛光是在涂膜实干后,用纱包涂上砂蜡按次序推擦。直擦到光滑时,再换一块干净细软布把砂蜡擦掉(其实孔内的砂蜡已擦不掉了)。然后擦涂上光蜡。使用软细纱布、脱脂棉等物,快速轻擦。光亮后,间隔半日,再擦还能增加一些光亮度。

抛光擦砂蜡具有很大的摩擦力。涂膜未干透时很容易把涂膜擦卷皮。为确保安全,最好把抛光工序放在喷完漆两天后进行。

使用上光蜡抛光时,常采用机动工具。采用机动工具抛光时,应特别注意抛光轮与涂面洁净,否则涂面将出现显著的划痕。

第一次揩涂所用的硝基清漆黏度稍高(硝基清漆与香蕉水的比例为 1：1)。具体揩涂时,棉球蘸适量的硝基清漆,先在表面上顺木纹擦涂几遍。接着在同一表面上采用圈涂法,即棉球以圆圈状的移动在表面上擦揩。圈涂要有一定规律,棉球在表面上一边转圈,一边顺木纹方向以均匀的速度移动。从表面的一头揩到另一头。再揩一遍中间,转圈大小要一致,整个表面连续从头揩到尾。在整个表面按同样大小的圆圈揩过几遍后,圆圈直径可增大,可由小圈、中圈到大圈。棉球运动轨迹如图2—6所示。

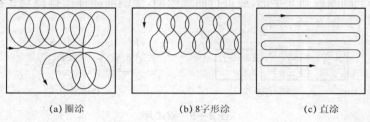

(a) 圈涂　　　　　　　(b) 8字形涂　　　　　　(c) 直涂

图2—6　棉球运动轨迹

　　可能留下曲线形涂痕。这时,一般还要采用横揩、斜揩数遍后,再顺木纹直揩的方法,以求揩出的漆膜平整,并消除曲线形涂痕,这时可结束第一次揩涂。

　　揩涂法之所以能够获得具有很高装饰质量的漆膜,是因为揩涂的涂饰过程符合硝基清漆形成优质漆膜的规律。揩涂法的每一遍都形成了一个较为平整均匀而又极薄的涂层,干燥时收缩很小。揩涂的压力比刷涂大,能把油漆压入管孔中,因而漆膜厚实丰满。如前述,挥发型漆的漆膜是可逆的,能被原溶剂溶解。这样每揩涂一遍,对前一个涂层起到两个作用:一是增加涂层厚度,再就是对前一个涂层起到一定程度的溶平修饰作用。硝基漆中的溶剂能把前一个涂层上的皱纹、颗粒、气泡等凸出部分溶去,而漆中的成膜物质又能把前一个涂层的凹陷部分填补起来,这样又形成一个新的较为平整均匀的涂层。多次逐层积累,最终的表面漆膜则平滑而均匀。再经过进一步的砂磨抛光,即获得具有装饰质量良好并能经久耐用的漆膜。

第四节 涂饰技术

【技能要点 1】刷涂

涂刷时，其涂刷方向和行程长短均应一致。如涂料干燥快，应勤沾短刷，接搓最好在分格缝处。涂刷层次，一般不少于两度，在前一度涂层表干后才能进行后一度涂刷。前后两次涂刷的相隔时间与施工现场的温度、湿度有密切关系，通常不少于 2～4 h。

【技能要点 2】滚涂

滚涂操作应根据涂料的品种、要求的花饰确定辊子的种类，见表 2—4。

涂料的品种及要求

1. 常见涂料的品种

(1)丙烯酸乳胶漆：丙烯酸乳胶漆一般由丙烯酸类乳液、颜填料、水、助剂组成。具有成本适中、耐候性优良、性能可调整性好、无有机溶剂释放等优点，是近来发展十分迅速的一类涂料产品。主要用于建筑物的内外墙涂装，皮革涂装等。近来又出现了木器用乳胶漆、自交联型乳胶漆等新品种。丙烯酸乳胶漆根据乳液的不同可分为纯丙、苯丙、硅丙、醋丙等品种。

(2)溶剂型丙烯酸漆：溶剂型丙烯酸漆具有极好的耐候性，很高的机械性能，是目前发展很快的一类涂料。溶剂型丙烯酸漆可分为自干型丙烯酸漆(热塑型)和交联固化型丙烯酸漆(热固型)，前者属于非转化型涂料，后者属于转化型涂料。自干型丙烯酸涂料主要用于建筑涂料、塑料涂料、电子涂料、道路划线涂料等，具有表干迅速、易于施工、保护和装饰作用明显的优点。缺点是固含量不容易太高，硬度、弹性不容易兼顾，一次施工不能得到很厚的涂膜，涂膜丰满性不够理想。交联固化型丙烯酸涂料主要有丙烯酸氨基漆、丙烯酸聚氨酯漆、丙烯酸醇酸漆、辐射固化丙烯酸涂料等品种。

　　(3)聚氨酯漆:聚氨酯涂料是目前较常见的一类涂料,可以分为双组分聚氨酯涂料和单组分聚氨酯涂料。双组分聚氨酯涂料一般是由异氰酸酯预聚物(也叫低分子氨基甲酸酯聚合物)和含羟基树脂两部分组成,通常称为固化剂组分和主剂组分。这一类涂料的品种很多,应用范围也很广,根据含羟基组分的不同可分为丙烯酸聚氨酯、醇酸聚氨酯、聚酯聚氨酯、聚醚聚氨酯、环氧聚氨酯等品种。

　　(4)硝基漆:硝基漆是目前比较常见的木器及装修用涂料。优点是装饰作用较好,施工简便,干燥迅速,对涂装环境的要求不高,具有较好的硬度和亮度,不易出现漆膜弊病,修补容易。缺点是固含量较低,需要较多的施工道数才能达到较好的效果;耐久性不太好,尤其是内用硝基漆,其保光保色性不好,使用时间稍长就容易出现诸如失光、开裂、变色等弊病;漆膜保护作用不好,不耐有机溶剂、不耐热、不耐腐蚀。

　　(5)环氧漆:环氧漆是近年来发展极为迅速的一类工业涂料,一般而言,对组成中含有较多环氧基团的涂料统称为环氧漆。环氧漆的主要品种是双组分涂料,由环氧树脂和固化剂组成。其他还有一些单组分自干型的品种,不过其性能与双组分涂料比较有一定的差距。环氧漆的主要优点是对水泥、金属等无机材料的附着力很强;涂料本身非常耐腐蚀;机械性能优良,耐磨,耐冲击;可制成无溶剂或高固体份涂料;耐有机溶剂、耐热、耐水;涂膜无毒。缺点是耐候性不好,日光照射久了有可能出现粉化现象,因而只能用于底漆或内用漆;装饰性较差,光泽不易保持;对施工环境要求较高,低温下涂膜固化缓慢,效果不好;许多品种需要高温固化,涂装设备的投入较大。环氧树脂涂料主要用于地坪涂装、汽车底漆、金属防腐、化学防腐等方面。

　　(6)氨基漆:氨基漆主要由两部分组成,其一是氨基树脂组分,主要有丁醚化三聚氰氨甲醛树脂、甲醚化三聚氰氨甲醛树脂、丁醚化脲醛树脂等树脂。其二是羟基树脂部分,主要有中短油度醇酸树脂、含羟丙烯酸树脂、环氧树脂等树脂。氨基漆除了用于木器涂料的脲醛树脂漆(俗称酸固化漆)外,主要品种都需要加热固化,一般固化温度都在 100 ℃以上,固化时间都在 20 min 以上。固化后的漆膜性能极佳,漆膜坚硬丰满,光亮艳丽,牢固耐久,具有很好的装饰作用及保护作用。缺点是对涂装设备的要求较高,能耗高,不适合于小型生产。氨基漆主要用于汽车面漆、家具涂装、家用电器涂装、各种金属表面涂装、仪器仪表及工业设备的涂装。

(7)醇酸漆:醇酸漆主要是由醇酸树脂组成。是目前国内生产量最大的一类涂料。具有价格便宜、施工简单、对施工环境要求不高、涂膜丰满坚硬、耐久性和耐候性较好、装饰性和保护性都比较好等优点。缺点是干燥较慢、涂膜不易达到较高的要求,不适于高装饰性的场合。醇酸漆主要用于一般木器、家具及家庭装修的涂装,一般金属装饰涂装、要求不高的金属防腐涂装、一般农机、汽车、仪器仪表、工业设备的涂装等方面。

(8)不饱和聚酯漆:不饱和聚酯漆也是近来发展较快的一类涂料,分为气干性不饱和聚酯和辐射固化(光固化)不饱和聚酯两大类。主要优点是可以制成无溶剂涂料,一次涂刷可以得到较厚的漆膜,对涂装温度的要求不高,而且漆膜装饰作用良好,漆膜坚韧耐磨,易于保养。缺点是固化时漆膜收缩率较大,对基材的附着力容易出现问题,气干性不饱和聚酯一般需要抛光处理,手续较为烦琐,辐射固化不饱和聚酯对涂装设备的要求较高,不适合于小型生产。不饱和聚酯漆主要用于家具、木制地板、金属防腐等方面。

(9)乙烯基漆:乙烯基漆包括氯醋共聚树脂漆、聚乙烯醇缩丁醛漆、偏氯乙烯、过氯乙烯、氯磺化聚乙烯漆等品种。乙烯基漆的主要优点是耐候、耐化学腐蚀、耐水、绝缘、防霉、柔韧性佳。其缺点主要表现在耐热性一般、不易制成高固体涂料、机械性能一般,装饰性能差等方面。乙烯基漆主要用于工业防腐涂料、电绝缘涂料、磷化底漆、金属涂料、外用涂料等方面。

（10）酚醛漆：酚醛树脂是酚与醛在催化剂存在下缩合生成的产品。涂料工业中主要使用油溶酚醛树脂制漆。酚醛漆的优点是干燥快，漆膜光亮坚硬、耐水性及耐化学腐蚀性好。缺点是容易变黄，耐候性不好，不宜制成浅色漆。酚醛漆主要用于防腐涂料、绝缘涂料、一般金属涂料、一般装饰性涂料等方面。

2. 涂料的使用要求

（1）涂料与基层表面的配套。

金属表面，应选用防锈性能较好的底层涂料，以增强防锈涂料的附着力和防锈能力。木料表面，可先用清油或油性清漆打底，为提高涂层的光泽，可用木料封闭涂料打底，以防面层清漆被木料吸收，影响光泽。

（2）各涂料层之间的配套。

为加强各涂层之间的结合力，底层涂料、刮腻子、封闭底层涂料、面层涂料均应配套。并应通过试验（做样板），以检验各涂层之间的结合力是否良好而稳定，不咬底，达到预期效果后，方可使用。一般以同类型成分的涂料配套使用比较可靠。

（3）涂料与溶剂、助剂的配套。

要选用与所使用的涂料能结合的溶剂、助剂，否则在涂刷过程中会发生某些质量问题。

（4）与施工方法的配套。

涂料如采用正确的施工方法，可显著地提高涂层的质量。如施工方法不当，则不会达到预期的装饰效果。因此，必须根据涂料产品的性能和要求，严格按操作规程进行施工。

施工时在辊子上蘸少量涂料后再在被滚墙面上轻缓平稳地来回滚动，直上直下，避免歪扭蛇行，以保证涂层厚度一致、色泽一致、质感一致。

表2—4　滚涂工具与用途

工具名称	尺寸（cm）	用途说明
墙用滚刷器（海绵）	7,9	用于室内外墙壁涂饰
图样滚刷器（橡胶）	7	用于室内外墙壁涂饰
按压式滚刷器（塑料）	10	用于压平图样涂料尖端

【技能要点3】喷涂

在喷涂施工中，涂料稠度、空气压力、喷射距离、喷枪运行中的角度和速度等方面均有一定的要求。涂料稠度必须适中，太稠，不便施工；太稀，影响涂层厚度，且容易流淌。空气压力在 $0.4\sim 0.8 N/mm^2$ 之间选择确定，压力选得过低或过高，涂层质感差，涂料损耗多。喷射距离一般为 $40\sim 60 cm$，喷嘴离被涂墙面过近，涂层厚薄难控制，易出现过厚或挂流等现象；喷嘴距离过远，则涂料损耗多。喷枪运行中喷嘴中心线必须与墙面垂直，喷枪应与被涂墙面平行移动，运行速度要保持一致，运行过快，涂层较薄，色泽不均；运行过慢，涂料粘附太多，容易流淌。喷涂施工，希望连续作业，一气呵成，争取到分格缝处再停歇。

喷枪简介

1. 喷枪

喷枪的种类，一般按涂料供给方式划分，可分为吸上式、重力式和压送式三种。

（1）吸上式喷枪，如图2—7和图2—8所示。吸上式喷枪，漆罐置于喷枪下部，工作时依靠高速流动的压缩空气，在漆罐出口处与漆罐中形成压力差，把罐中的漆吸上来。涂料罐安装在喷枪的下方，靠环绕喷嘴四周喷出的气流，在喷嘴部位产生的低压而吸引涂料，并同时雾化。该喷枪的涂料喷出量受涂料黏度和比重的影响，而且与喷嘴的口径大小有关。

吸上式的优点是操作稳定性好，更换涂料方便，主要适用于小面积物体的喷涂。其缺点是由于涂料罐小，使用过程中要不断地卸下并加涂料。

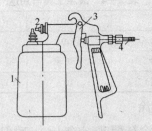

图 2—7　PQ-1 型吸上式喷枪

1—漆罐；2—空气喷嘴；3—扳机；4—空气接头

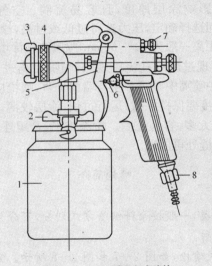

图 2—8　PQ-2 型吸上式喷枪

1—漆壶；2—螺丝；3—空气喷嘴的旋钮；4—螺帽；5—扳机；6—空气阀杆

7—控制阀；8—空气接头

　　(2)重力式喷枪，如图 2—9 所示。这种喷枪的涂料罐安装在喷枪的上方，涂料靠自身的重力流到喷嘴；并和空气流混合雾化而喷出。这种喷枪的优点是杯的位置自由，涂料容易流出，使用方便。缺点是稳定性差，不易做仰面喷涂，使用过程中也要卸下涂料罐加料。

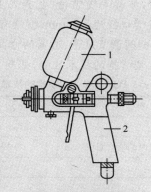

图 2—9 重力式喷枪

1—涂缸；2—喷枪

（3）压送式喷枪，如图 2—10 所示。喷枪从涂料增压箱供给，经过喷枪喷出。加大增压箱的压力，可同时供给几支喷枪喷涂。这类喷枪主要用于涂料量使用大的工业涂装。

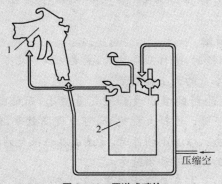

压缩空

图 2—10 压送式喷枪

1—喷枪；2—油漆增压箱

2. 常用的喷枪规格

（1）PQ-1 型对嘴式喷枪，为吸上式喷枪，结构较简单。一般工作压力为 0.28～0.35 MPa，喷嘴口径为 2～3 mm。适用于小面积物体的施工。

(2)PQ-2 型喷枪,亦称扁嘴喷枪,也属吸上式类型。工作压力为 0.3～0.5 MPa,喷嘴口径为 1.8 mm,喷涂有效距离为 250～260 mm。喷涂时可用控制阀调节风量、漆雾的方向和形状。

PQ-1 和 PQ-2 型喷枪的技术性能,见表 2—5。

表 2—5　PQ-1、PQ-2 型喷枪的技术性能

项　目	PQ-1 型	PQ-2 型
工作压力(kPa)	275～343	392～491
喷枪嘴距喷涂面 25 cm 时的喷涂面积(cm^2)	3～8	13～14
喷嘴直径(mm)	0.2～4.5	1.8

(3)GH-4 型喷枪,也为吸上式类型。工作压力为 0.4～0.5 MPa,喷嘴口径为 2～2.5 mm,漆雾形状可调节。

(4)KP-10 型、KP-20 型和 KP-30 型喷枪,是三种不同方式供漆的喷枪:KP-10 为重力式、KP-20 为压送式、KP-30 为吸上式。这三种喷枪工作压力为 0.3～0.4 MPa,喷嘴在 1.2～2.5 mm 之间。

3. 选择喷枪

在选择喷枪时,除作业条件外,主要从以下几方面进行:

(1)喷枪本身的大小和重量。

小型喷枪涂料的喷出量和空气量较小,而使喷枪运行速度慢,作业效率下降。选择大型喷枪,可以提高效率,但要与被喷物体的大小相适应,喷涂小物件时,要造成漆料很大的损失。

(2)涂料的使用量和供给方式。

涂料用量小、颜色更换次数多,喷平面物件时,可选用重力式小喷枪,但不适用仰面喷涂;涂料用量稍大、颜色更换次数多,特别是喷涂侧面时,宜选用容量为 1 L 以下的吸上式喷枪。如果喷涂量大,颜色基本不变的连续作业时,可选用压送式喷枪,用容量为 10～100 L 的涂料增压箱。若喷涂量更大时,可采用泵和涂料循环管道压送涂料。压送式喷枪质量轻,上下左右喷涂都很方便,但清洗工作较复杂,施工时要有一定技术和熟练程度。

(3)喷嘴口径。

喷嘴口径越大，喷出涂料量越大。对使用高黏度的涂料，可选用喷嘴口径大一些的喷枪，或选用可以提高压力的略小口径的压送式喷枪；对喷涂漆膜外观要求不高，又要求较厚的涂料时，可选用喷嘴口径较大的喷枪，如喷涂底漆或厚浆型涂料；喷涂面漆时，因要求漆膜均匀、光滑平整，则应选用喷嘴口径较小的喷枪。

4. 喷枪的维护保养

(1)喷枪使用完后，应立即用溶剂清洗干净。不可用对金属(特别是铝质品)有腐蚀的碱性清洗剂清洗。吸上式和重力式喷枪的清洗方法是，先在涂料罐中加入少量溶剂，喷吹一下，然后用手指堵住喷嘴，再扣动扳机，使溶剂回流数次即可。压送式喷枪的清洗，先将涂料增压箱的空气排放掉，用手指堵住喷嘴，靠压缩空气将胶管中的涂料压回增压箱中，随后通入溶剂洗净喷枪和胶管，并吹干。

(2)枪体、喷嘴和空气帽应用毛刷清洗。出气孔和出漆孔被堵塞时，应用木签疏通，不能用金属丝或钉子去捅，以防碰伤金属孔。

(3)在暂停工作时，应将喷枪头部浸在溶剂中，以防涂料干固堵住喷嘴。

(4)应经常检查针阀垫圈、空气阀垫圈等密封部是否泄漏，有泄漏时应及时更换。

(5)对喷枪的螺栓、螺纹和垫圈等部位，应经常涂油保养；对弹簧应涂润滑油脂，以防生锈。

室内喷涂一般先喷顶后喷墙，两遍成活，间隔时间约 2 h；外墙喷涂一般为两遍，较好的饰面为三遍。特殊部位喷涂时要注意喷枪的角度和与墙面的距离，如图 2—11 所示。罩面喷涂时，喷离脚手架 10～20 cm 处，往下另行再喷。作业段分割线应设在水落管、接缝、雨罩等处。喷枪移动路线如图 2—12 所示。

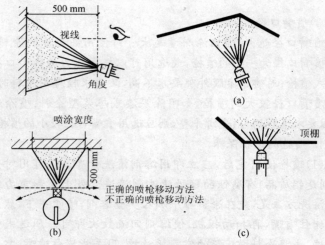

图 2—11　特殊部位喷涂示意图

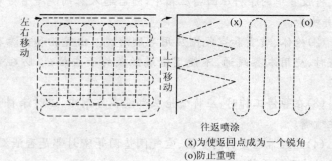

图 2—12　喷涂移动路线

喷涂一般采用往返喷涂,每喷涂一行,应覆盖前一行的1/3,为使各行均匀,应注意调节好喷枪的移动速度和喷嘴到被喷面的距离,如图 8—1所示。其喷面宽度,一般喷嘴到被喷面的距离为 15~20 cm 为宜。其上下移动后,其喷涂方向角度不宜太大,垂直角度,喷涂移动路线见图 2—12 所示。

第三章　建筑装修涂饰工程

第一节　基层处理

【技能要点 1】基层质量要求

(1)基层应牢固、不开裂、不掉粉、不起砂、不空鼓、无剥离、无石灰爆裂点和无附着力不良的旧涂层等。

(2)基层应表面平整,立面垂直、阴阳角垂直、方正和无缺楞掉角,分格缝深浅一致且横平竖直。允许偏差应符合一定标准。

(3)基层应清洁,表面无灰尘、无浮浆、无油迹、无锈斑、无霉点、无盐类析出物和青苔等杂物。

(4)基层应干燥,涂刷溶剂型涂料时,基层含水率不得大于 8%;涂刷乳液型涂料时,基层含水率不得大于 10%。

(5)基层的 pH 值不得大于 10。

(6)在基层上安装的金属件、各种钉件等,应进行防锈处理。

(7)在基层上的各种构件、预埋件,以及水暖、电气、空调等管线,均按设计要求安装就位。

【技能要点 2】处理方法

1. 混凝土预制或现浇板基层

对混凝土的施工缝等表面不平整、高低不平的凹凸部位,应使用掺入合成树脂乳液的水泥砂浆进行处理,做到表面平整,抹灰厚度均匀一致。每次抹灰厚度 9 mm,最厚不超过 25 mm,养护 3～4天,确认无空鼓现象,方可进行下道工序。微小裂缝用封闭材料或涂膜防水材料沿裂缝搓涂,也可用低黏度的环氧树脂或水泥浆进行压力灌浆压入裂缝中。

气泡砂孔也应使用掺合成树脂乳液水泥砂浆将直径大于3 mm

的气孔全部嵌填,小于 3 mm 的气孔用同样的水泥砂浆进行处理。

脆弱部分用磨光机或钢丝刷等将其除掉,然后用掺入合成树脂乳液的水泥砂浆进行修补。

接缝错位用磨光打磨机将凸出部位剔凿除掉,使用掺入合成树脂乳液的水泥砂浆修补,并与周围结合平整。缺损部位也用同样的砂浆修补。

2. 加气混凝土板基层

先涂刷树脂乳液基层封闭剂,其作用是增加基层强度,提高与聚合物水泥砂浆的黏结强度,防止基层吸收聚合物水泥砂浆中的水分。干后,在其上抹树脂乳液类聚合物水泥砂浆,注意做到接缝部位平整,不能有空鼓现象,厚度大约 10 mm。然后,在上面再抹普通水泥砂浆,这样做防止空鼓与裂缝。

3. 水泥砂浆基层处理

(1)当水泥砂浆面层有空鼓现象时,应铲除,用聚合物水泥砂浆修补。

(2)水泥砂浆面层有孔眼时,应用水泥素浆修补。也可从剥离的界面注入环氧树脂胶粘剂。

(3)水泥砂浆面层凸凹不平时,应用磨光机研磨平整。

4. 石膏板、水泥石棉板等基层

石膏板不适宜作接触水分和温度较大部分的基层。石膏板接缝下可做成 V 形缝,在 V 形缝中露出石膏部分用中性树脂乳液封底,再在缝中嵌填专用有弹性、中性的合成树脂乳液腻子,并抹压平整。对安装板材的钉子及木螺丝的部位,应涂防锈漆后再补合成树脂乳液腻子,固化后用砂纸打平。

5. 水泥刨花板基层

水泥刨花板等基层处理对板材缺损部位及缺棱掉角部位用掺入合成树脂乳液的水泥浆补平或再用其材料进行打底及抹灰处理。

6. 硅酸钙板基层

处理表面较脆弱或不平整的基层,必须先用封闭型溶液封底,然后再用其乳液型腻子打底,用磨光机使整个饰面平整。

【技能要点3】基层处理工序

1. 清除

(1)手工清除。使用铲刀、刮刀、剁刀及金属刷具等,对木质面、金属面、抹灰基层上的毛刷、飞边、凸缘、旧涂层及氧化铁皮等进行清理去除。

(2)机械清除。采用动力钢丝刷、除锈枪、蒸汽剥除器、喷砂及喷水等机械清除方式,其做法见表3—1。

表3—1 基层的机械清除做法

种类	操作方法	适用范围及特点
动力钢丝刷清除	有杯型和圆盘型两种钢丝刷,一般用手提砂轮机、手电钻、软轴机带动。杯型钢丝刷适用于打磨平面,圆盘型用于凹槽部位,在易爆环境中须用铜丝刷。使用时应穿戴防护装置	清除金属、混凝土面上的锈蚀、漆膜等,可增加清除面的粗糙度,对氧化皮清除效果不理想。转速过度时产生的热量会使金属细小颗粒熔化加速锈蚀作用
除锈枪清除	枪头由多根钢针组成,由气动弹簧推动,有三种类型。尖针型的可清除较厚的铁锈或氧化皮,但处理后的表面粗糙。扁錾型的对材料表面损害较小,仅留有轻微痕迹。平头型的不留痕迹,可处理较薄的金属面,也可用于混凝土和石材制品表面	用来清除螺栓、螺帽、铁制装饰件等不便于清除的圆角、凹面部位,在大面积上使用时效率低,不经济。也可用来清理石制品
蒸气剥除器清除	利用从喷头喷出的高压或低压蒸气的渗透作用,进行清除。清除时将喷头按在清除面上放置几秒钟,待壁纸或涂层变软,即可用铲刀铲除,如清除油污面,加入清洗剂后,蒸气可将表面的污垢吹洗干净	可清除壁纸、水浆涂层或各种污垢,除具有方便迅速、不易损伤基层的优点外,还具有消毒灭菌作用

种类	操作方法	适用范围及特点
喷砂清除	这是一种从砖石面或金属面上清除旧漆膜或锈蚀最有效、但也最麻烦的方法。它利用压缩空气将各种磨料以高速度喷射到要清理的面上,利用磨料的撞击力将面层撞击成粉末而达到清洁目的。磨料种类很多,有天然砂、火遂石、铸铁、铸钢、矿渣、碳化硅(合金砂)、氧化铝等,规格一般为16~40筛目	可清除钢铁表面的锈蚀和氧化皮,以及石灰、混凝土和合金材料的表面。常用于要求较高的大面积金属面上。喷砂清除后在4 h内涂饰;在海洋或污染严重的环境下应立即涂饰,否则会对涂层的性能有所影响
喷水清除	一般要用高压水龙头冲洗,水流压力可达4 MPa,操作时要穿戴护目镜和防护服。清除时从房檐下开始以2~2.5 m的宽度向下冲洗。喷嘴要平稳缓慢地向下移动,与墙面保持20 cm左右的距离。冲洗干裂脱皮的漆膜时要从各个方向冲洗;喷嘴距墙15 cm,冲洗角度为45°	用在无法使用喷砂清理的室外墙面。适宜清除松散的锈蚀、漆膜、脏物或腐蚀性灰尘,对金属面的氧化铁皮效果不佳,并会促进锈蚀的产生

蒸气剥除器的构造及原理

蒸气剥除器系用一只贮水罐安装在密闭的燃烧器上,待水加热后转化为蒸气,热气由软管输送到一个充满小孔的平板上,当平板对准墙面时,蒸气即可喷向墙面,使旧涂膜、墙纸及胶粘剂等变软易剥。

(3)化学清除。当基层表面的油脂污垢、锈蚀和旧涂膜等较为坚实牢固时,可采用化学清除的处理方法与打磨工序配合进行;化学清除的常用做法见表3—2。

表3—2 基层的化学清除做法

种类	使用方法	适用范围及特点
溶剂或去油剂清除法	一般采用松香水(200号溶剂汽油),清除前先将基层用钢丝刷清除一遍,然后用浸满溶剂或去油剂的抹布或刷子擦洗表面,最后用清水漂洗几遍。低燃点、有毒或散发出有害烟雾的溶剂应避免使用	清除各类基层表面的脏物
碱溶液清除	常用的碱溶液有磷酸三钠溶液、火碱溶液,如加入其他成分还可以起防霉作用。碱溶液清除一般在高温下使用(90℃左右)。清洗时先用旧油刷在表面涂一层碱液,浸渍几分钟,当油渍、污垢变软后,用清水冲洗,然后用水砂纸、浮石或钠丝绒打磨。打磨后经再次冲洗干燥后即可涂刷。 要在碱溶液未干前洗掉,以免遗留在表面或侵蚀到木质内部,使后续涂层出现局部皂化或褪色。漂洗最好用一定压力的热水冲洗	碱溶液清洗多用在钢铁面上清除油、脂、污垢,对易吸收性的基层不宜采用,特别是涂刷清漆的木质面,它会使木质颜色加深。由于腐蚀的原因,禁止在铝面或不锈钢面上使用
酸洗清除	酸洗清除常用在钢铁、砖石、混凝土面上,酸洗液是由磷酸(钢铁面用)或盐酸(砖石、混凝土面用)与少量溶剂、洗涤液及湿润剂组成。钢铁面采用酸洗不仅可清除轻微锈蚀,还能对表面产生轻微腐蚀,提高涂层的附着力。酸洗常用的方法有刷洗、擦洗、热侵和喷洗。无论何种方法酸洗后都应用清水漂洗	用于清除钢铁面上的轻微锈蚀和砖石混凝土面上各类油迹污垢
脱漆剂清除	脱漆剂有酸碱溶液型和有机溶剂型两类。将脱漆剂涂刷在旧漆膜上,约30 min后待旧漆膜膨胀起皮时即可将漆刮去,然后清洗掉污物及残留蜡质。脱漆剂不能和其他溶剂混合使用,要注意通风防火	清除各类基层表面的漆膜和污物

(4)热清除。利用石油液化气炬、热吹风刮除器及火焰清除器等设备,清除金属基表面的锈蚀、氧化皮及木质基层表面的旧涂膜,其做法和特点见表 3—3。

表 3—3　基层热清除做法

种类		操作方法	适用范围及特点
火焰清除	金属面	利用气炬将金属表面烧至浅灰色时,用钢丝刷清除表面干燥的锈蚀。经过 30~40 min 的冷却,至金属表面微热时(38 ℃左右)即可涂刷底漆,热度会使底漆的黏度降低,更好地渗进表面,使底漆与金属结合更牢	用来清除钢铁面上的锈蚀、氧化铁皮和木质面上的旧漆膜。不适宜清除薄铁皮上的旧涂层及易燃烧的厚沥青涂层。火焰清除过的基层不宜涂刷环氧树脂漆、双组分聚氨酯漆
	木质面	为防止基层的损伤或烧焦,须注意掌握火焰和铲刀移动的一致性。要让铲刀支配火焰的移动速度。操作时左手拿火炬,右手拿铲刀,铲刀要紧随火焰移动,将铲刀插在漆膜下面,不断铲去被烤得变厚的漆膜。 操作时的注意事项如下: ①为避免损伤基层,铲刀不要过于锋利,与基层的夹角不要大于 30°,要顺木纹移动铲刀。 ②清除立面时要由底部向上清理,以便上升的热气对上部表面预先加温。火焰要不断以均匀的速度移动,不要将某一部位烧焦。 ③加热过的漆膜要及时清除,因为冷却后要比未处理前更不易清除。 ④涂刷时间较久的旧漆膜,烧除时会变得又软又黏不易清除,还会弄脏基层。为此可先刷一层稠石灰浆,待其干后再用火焰清除。 ⑤铲除后的基层为避免吸收潮气应尽快涂饰,最好当日施涂	
电加热清除	木质面	将电刮除器接通电源。放到要清除的部位,当漆膜变软后用铲刀铲除,有的电刮除器本身就带有刮刀。电加热清除使用简便、安全,不易损伤污染基层,但速度慢、效率低,不适宜大面积采用	适用于对基层清洁度要求较高的小面积上清除

2. 嵌批

基层经清除处理后,常会显示出洞眼、凹陷和裂缝等现象,需要用嵌、批腻子的方法将基层表面填平。嵌、批的要点是实、平、光,即做到密实牢固、平整光洁,为涂饰质量打好基础。嵌、批工序要在涂刷底漆并待其干燥后进行,以防止腻子中的漆料被基层过多吸收而影响腻子的附着性。为避免腻子出现开裂和脱落,要尽量降低腻子的收缩率,一次填刮不要过厚,最好不超过 0.5 mm。批刮速度宜快,特别是对于快干腻子,不应过多地往返批刮,否则易出现卷皮脱落或将腻子中的漆料挤出封住表面而难以干燥。应根据基层、面漆及各涂层材料的特点选择腻子,注意其配套性,以保持整个涂层物理与化学性能的一致性。嵌、批腻子的操作方法,见表 3—4。

表 3—4　嵌批腻子的操作方法

类型	目的	操作方法	嵌批工具
嵌(补)	用嵌补工具将腻子填补基层表面的孔眼、裂缝、凹坑等缺陷,使其密实平整	嵌补时要用力将工具上的腻子压进缺陷内,要填满、填实,将四周的腻子收刮干净,使腻子的痕迹尽量减少。对较大的洞眼、裂缝和缺损,可在拌好的腻子中加入少量的填充料重新拌匀,提高腻子的硬度后再嵌补。嵌腻子一般以三道为准。为防止腻子干燥收缩形成凹陷,还要复嵌。嵌补的腻子应比物面略高一些。嵌补用腻子一般要比批刮用腻子硬一些	嵌刀、牛角腻板、椴木腻板
批(刮)	为使被涂物面形成平整、连续的涂刷表面	批刮腻子要从上至下、从左至右,先平面后棱角,以高处为准,一次刮下。手要用力向下按腻板,倾斜角度为 60°～80°,用力要均匀,这样可使腻子饱满又结实。清水	牛角腻板、椴木腻板、橡皮腻板、钢板腻板

类型	目的	操作方法	嵌批工具
批(刮)	为使被涂物面形成平整、连续的涂刷表面	显木纹要顺木纹批刮,收刮腻子时只准一两个来回,不能多刮,防止腻子起卷或将腻子内部的漆料挤出封住表面不易干燥。头道腻子的批刮主要把握与基层的结合,要刮实;第二道腻子要刮平,不得有气泡;最后一道腻子是要刮光及填平麻眼,为打磨工序创造有利条件	牛角腻板、椴木腻板、橡皮腻板、钢板腻板

3. 打磨

打磨方式分干磨与湿磨。干磨即是用砂纸或砂布及浮石等直接对物面进行研磨。湿磨是由于卫生防护的需要,以及为防止打磨时漆膜受热变软使漆尘粘附于磨粒间而有损研磨质量,将水砂纸或浮石蘸水(或润滑剂)进行打磨。硬质涂料或含铅涂料一般需采用湿磨方法。如果湿磨易吸水基层或环境湿度大时,可用配合比为松香水∶生亚麻油＝3∶1的混合物做润滑剂打磨。对于木质材料表面不易磨除的硬刺、木丝和木毛等,可采用稀释的,即配合比为虫胶∶酒精＝1∶(7～8)的虫胶漆进行涂刷待干后再打磨的方法;也可用湿布擦抹表面使木材毛刺吸水胀起干后再打磨的方法。

根据不同要求和打磨目的,分为基层打磨、层间打磨和面层打磨,见表3—5。

表3—5　不同阶段的打磨要求

打磨部位	打磨方式	要求及注意事项
基层打磨	干磨	用1～$1\frac{1}{2}$号砂纸打磨。线角处要用对折砂纸的边角砂磨。边缘棱角要打磨光滑,去其锐角以利涂料的粘附。在纸面石膏板上打磨,不要使纸面起毛

打磨部位	打磨方式	要求及注意事项
层间打磨	干磨或湿磨	用0号砂纸、1号旧砂纸或280~320号水砂纸。木质面上的透明涂层应顺木纹方向直磨,遇有凹凸线角部位可适当运用直磨、横磨交叉进行的方法轻轻打磨
面层打磨	湿磨	用400号以上水砂纸蘸清水或肥皂水打磨。磨至从正面看去是暗光,但从水平侧面看去如同镜面。此工序仅适用硬质涂层,打磨边缘、棱角、曲面时不可使用垫块,要轻磨并随时查看以免磨透、磨穿

【技能要点4】对基层的检查、清理和修补

(1)对基层的检查状况与涂料施工以及涂饰后涂膜的性能、装饰质量关系重大,因此在涂饰前必须对基层进行全面检查。检查的内容包括基层表面的平整度及裂缝、麻面、气孔、脱壳、分离等现象;粉化、翻沫、硬化不良、脆弱,以及沾污脱模剂、油类物质等;基层的含水率和 pH 值等。

(2)对基层的清理目的在于去除基层表面的粘附物,使基层洁净,以利于涂料与基层的牢固黏结。常见的清理方法见表3—6。

表3—6 常见基层表面粘附物的清理方法

序号	粘附物	清理方法
1	硬化不良或分离脱壳	全部铲除脱壳分离部分,并用钢丝刷除去浮渣
2	粉末状粘附物	用毛刷、扫帚及电吸尘器清理去除
3	电焊喷溅物、砂浆溅物	用刮刀、钢丝刷及打磨机去除
4	油脂、脱模剂、密封胶等粘附物	用有机溶剂或化学洗涤剂清除
5	锈斑	用化学除锈剂清除
6	霉斑	用化学去霉剂清洗
7	表面泛白	用钢丝刷、除尘机清除

　　(3)基层缺陷的修补在清理基层后进行,应及时对其缺陷进行修补。常见基层缺陷及其修补方法见表 3—7。

表 3—7　基层缺陷的常用修补方法

序号	基层缺陷	修补方法
1	混凝土施工缝等造成的表面不平整	清扫混凝土表面,用聚合物水泥砂浆分层抹平,每遍厚度不大于 9 mm,总厚度 25 mm,表面用木抹子搓平,养护
2	混凝土尺寸不准或设计变更等原因造成的找平层厚度增加过大	在混凝土表面固定焊敷金属网,将找平层砂浆抹在金属网上
3	水泥砂浆基层空鼓分离而不能铲除者	用电钻钻($\phi5\sim\phi10$ mm),采用不致使砂浆分离扩大的压力,将低黏度环氧树脂注入分离空隙内,使之固结。表面裂缝用合成树脂或聚合物水泥腻子嵌平并打磨平整
4	基层表面较大裂缝	将裂缝切成 V 形,填充防水密封材料,表面裂缝用合成树脂或聚合物水泥砂浆腻子嵌平并打磨平整
5	细小裂缝	用基底封闭材料或防水腻子沿裂缝嵌平并打磨平接;预制混凝土板小裂缝可用低黏度环氧树脂或聚合物水泥砂浆进行压力灌浆压入缝中,表面打磨平整
6	气泡砂孔	孔眼 $\phi3$ mm 以上者用树脂砂浆或聚合物水泥砂浆嵌填;$\phi3$ mm 以下者可用同种涂料腻子嵌批,表面打磨平整
7	表面凹凸	凸出部分用磨光机研磨,凹入部分填充树脂或聚合物水泥砂浆,硬化后再进行打磨平整

续上表

序号	基层缺陷	修补方法
8	表面麻点过大	用同饰面涂料相同的涂料腻子分次刮抹平整
9	基层露出钢筋	清除铁锈做防锈处理；或将混凝土做少量剔凿，对钢筋做防锈处理后用聚合物水泥砂浆补抹平整

【技能要点 5】对基层的复查

1. 外墙基层

(1)水分：在基层修补之后遇到降雨或表面结露时，如果在此基层上进行施工，尤其是涂刷溶剂型涂料，会造成涂膜固化不完全而出现起泡和剥落。必须待基层充分干燥，符合涂料对基层的含水率要求时方可施工。此外，应通过含水率的检查同时测定修补部分砂浆的碱性是否与大面基层一致。

(2)被涂面的温度：基层表面温度过高或过低，会影响某些涂料的施工质量。在一般情况下，5 ℃以下会妨碍某些涂料的正常成膜硬化；但超过 50 ℃会使涂料干燥过快，同样成膜不良。根据所用涂料的性能特点，当现场环境及基层表面的温度不适宜施工时，应调整施工时间。

(3)基层的其他异常：检查基层经修补后是否产生新的裂缝，腻子是否塌陷，嵌填或封底材料是否粉化，基层是否有新的玷污等。对于检查出的异常部位应及时处理。

2. 内墙基层

(1)潮湿与结露：影响内墙涂料施工的首要因素是潮湿和结露，特别是当屋面防水、外墙装饰及玻璃安装工程结束之后，水泥类材料基层所含有的水分大部分向室内散发，使内墙面含水率增大，室内温度升高，同时，由于室内外气温的差别，当墙体较冷时即在内墙面产生结露。此时应采取通风换气或室内供暖等措施，加快室内干燥，待墙体表面的水分消失后再进行涂料饰面施工。

常用内墙、顶棚涂料简介

(1)低档水溶性涂料,是聚乙烯醇溶解在水中,再在其中加入颜料等其他助剂而成。为改进其性能和降低成本采取了多种途径,牌号很多,主要产品有106、108、803内墙涂料。这种涂料的缺点是不耐水、不耐碱,涂层受潮后容易剥落,属低档内墙涂料,适用于一般内墙装修。该类涂料具有价格便宜、无毒、无臭、施工方便等优点。干擦不掉粉,由于其成膜物是水溶性的,所以用湿布擦洗后总要留下些痕迹,耐久性也不好,易泛黄变色,但其价格便宜,施工也十分方便,目前消耗量仍最大,约占市场50%,多为中低档居室或临时居室室内墙装饰选用。

(2)乳胶漆,乳胶漆是一种以水为介质,以丙烯酸酯类、苯乙烯—丙烯酸酯共聚物、醋酸乙烯酯类聚合物的水溶液为成膜物质,加入多种辅助成分制成,其成膜物是不溶于水的,涂膜的耐水性和耐候性比第一类大大提高,湿擦洗后不留痕迹,并有平光、高光等不同装饰类型。由于目前其色彩较少,装饰效果与106类相似。乳胶漆属中高档涂料,虽然价格较贵,但因其优良的性能和装饰效果,所占据的市场份额越来越大。好的乳胶涂料层具有良好的耐水、耐碱、耐洗刷性,涂层受潮后决不会剥落。一般而言(在相同的颜料、体积、浓度条件下),苯丙乳胶漆比乙丙乳胶漆耐水、耐碱、耐擦洗性好,乙丙乳胶漆比聚醋酸乙烯乳胶漆(通称乳胶漆)好。

(3)多彩涂料,该涂料的成膜物质是硝基纤维素,以水包油形式分散在水相中,一次喷涂可以形成多种颜色花纹。

(4)仿瓷涂料属第四类,其装饰效果细腻、光洁、淡雅,价格不高,只是施工工艺繁杂,耐湿擦性差。

内墙、顶棚涂料一般要求平整度高、饱满性好、色调柔和新颖,而且内墙涂料还要求耐湿擦和干擦性能好。常用的内墙涂料按其化学成分分为聚乙烯醇、氯乙烯、苯丙、乙丙、丙烯酸、硅酸盐、复合类和其他等八类。

(2)基层发霉:对于室内墙面及顶棚基层,在处理后也常会再度产生发霉现象,尤其是在潮湿季节的某些建筑部位,如北侧房间或卫生间等。对于发霉部位需用防霉剂稀释液冲洗,待其充分干燥后再涂饰掺有防霉剂的涂料。

(3)基层的丝状裂缝:室内墙面发生细微裂纹的现象较为普遍,特别是水泥砂浆基层在干燥的过程中进行基层处理时,往往会在涂料施工前才明显出现。如果此类裂缝较严重,必须再次补批腻子及打磨平整。

【技能要点 6】涂饰基本操作

1. 刷涂

刷涂时,其刷涂方向和行程长短均应一致。如涂料干燥快,应勤沾短刷,接搓最好在分格缝处。刷涂层次,一般不少于两度,在前一度涂层表干后才能进行后一度刷涂。前后两次刷涂的相隔时间与施工现场的温度、湿度有密切关系,通常不少于2～4 h。

2. 喷涂

在喷涂施工中,涂料稠度、空气压力、喷射距离、喷枪运行中的角度和速度等方面均有一定的要求。涂料稠度必须适中,太稠,不便施工;太稀,影响涂层厚度,且容易流淌。空气压力在 0.4～0.8 N/mm^2 之间选择确定,压力选得过低或过高,涂层质感差,涂料损耗多。喷射距离一般为 40～60 cm,喷嘴离被涂墙面过近,涂层厚薄难控制,易出现过厚或挂流等现象;喷嘴距离过远,则涂料损耗多。喷枪运行中喷嘴中心线必须与墙面垂直,如图 3—1 所示,喷枪应与被涂墙面平行移动,如图 3—2 所示,运行速度要保持一致,运行过快,涂层较薄,色泽不均;运行过慢,涂料粘附太多,容易流淌。喷涂施工,希望连续作业,一气呵成,争取到分格缝处再停歇。

图 3—1　喷涂示意图

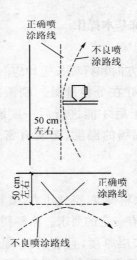

图 3—2　喷枪移动路线

　　室内喷涂一般先喷顶后喷墙,两遍成活,间隔时间约 2 h;外墙喷涂一般为两遍,较好的饰面为三遍。特殊部位喷涂时要注意喷枪的角度和与墙面的距离。罩面喷涂时,喷离脚手架 10～20 cm 处,往下另行再喷。作业段分割线应设在水落管、接缝、雨罩等处。

　　3. 滚涂施工

　　滚涂操作应根据涂料的品种、要求的花饰确定辊子的种类,见表 3—8。

表 3—8 滚涂工具与用途

工具名称	尺寸(cm)	用途说明
墙用滚刷器(海绵)	7,9	用于室内外墙壁涂饰
图样滚刷器(橡胶)	7	用于室内外墙壁涂饰
按压式滚刷器(塑料)	10	用于压平图样涂料尖端

施工时在辊子上蘸少量涂料后再在被滚墙面上轻缓平稳地来回滚动,直上直下,避免歪扭蛇行,以保证涂层厚度一致、色泽一致、质感一致。

4. 弹涂施工

(1)彩弹饰面施工的全过程都必须根据事先所设计的样板色泽和涂层表面形状的要求进行。

(2)在基层表面先刷 1~2 度涂料,作为底色涂层。待底色涂层干燥后,才能进行弹涂。门窗等不必进行弹涂的部位应予遮挡。

(3)弹涂时,手提彩弹机,先调整和控制好浆门、浆量和弹棒,然后开动电机,使机口垂直对正墙面,保持适当距离(一般为30~50 cm),按一定手势和速度,自上而下,自右(左)至左(右),循序渐进,要注意弹点密度均匀适当,上下左右接头不明显。对于压花型彩弹,在弹涂以后,应有一人进行批刮压花,弹涂到批刮压花之间的间歇时间,视施工现场的温度、湿度及花型等不同而定。压花操作要用力均匀,运动速度要适当,方向竖直不偏斜,刮板和墙面的角度宜在 15°~30°之间,要单方向批刮,不能往复操作,每批刮一次,刮板须用棉纱擦抹,不得间隔,以防花纹模糊。

(4)大面积弹涂后,如出现局部弹点不匀或压花不合要求影响装饰效果时,应进行修补,修补方法有补弹和笔绘两种。修补所用的涂料,应该用与刷底或弹涂同一颜色涂料。

第二节　外墙面涂装

【技能要点 1】一般规定

1. 材料

(1)在建筑外墙工程中所使用的涂料质量应符合现行国家标准,具有材料生产厂的质量保证书,经抽检验收合格后方可使用。

(2)外墙涂料工程中所使用的封底抗碱材料性能必须与所用涂料相匹配。

常用外墙涂料简介

1. 乙烯(含丙烯酸酯)树脂类外用乳胶漆

(1)醋—顺类外用乳胶漆和厚质涂料。

主要成膜材料为醋酸乙烯—顺丁烯二酸丁酯共聚外用乳液,为改善耐候性及涂层质感效果而加入适量填充料和其他助剂。

(2)乙—丙类外用薄质与厚质涂料。

主要是以醋酸乙烯—丙烯酸酯共聚乳液为主要成膜材料,加入成膜助剂、分散剂、稳定剂、适量填充料或大颗粒片状材料调制而成。

(3)苯—丙类外用厚质、彩砂、胶粘砂等涂料。

主要是以苯乙烯—丙烯酸酯外用共聚乳液为主要成膜材料,加入助剂、增稠剂、稳定剂及各种填充和骨架材料调制而成。涂料品种较多,由于以苯—丙乳液为基料,选用彩色烧结陶砂、瓷粒、着色石英砂等填料,使涂层的质感、装饰性和耐久性均有较大改善。

(4)浮雕、波纹和图案等复合型外用涂料。

主要是以改性苯—丙共聚物、环氧树脂、聚氨基甲酸酯树脂等为成膜黏结基料,分别调制成厚浆底漆、中层涂料及罩面涂料,采用不同的涂装工艺形成各种形式的涂料饰面。

　2. 外用丙烯酸酯类涂料

　主要采用有机硅(硅油、硅氧烷水解物等)、硅溶胶等改添加剂和专用颜、填料配制而成的耐候外用丙烯酸类涂料。

　3. 无机装饰涂料

　无机装饰涂料是以无机高分子材料为主要成膜材料加工配制成的新型建筑涂料,其耐热、耐污染和耐候性能均优于一般有机高分子涂料。当前以碱金属硅酸盐和硅溶胶类无机涂料的应用较为广泛,大致分为硅酸钾、钠类无机涂料、硅溶胶类无机涂料、改性(硅溶胶为主要成膜物、丙烯酸酯类共聚乳液为辅助成膜材料)无机涂料。

　2. 基层

　基层的含水率不得大于 8%～10% , pH 值为 7～10 。基层的含水率太大或有可溶性盐,碱性过强,均会使涂层黏结不牢,甚至出现变色、起泡、剥落、泛碱等现象。目前对于墙面的含水率一般根据水泥砂浆、混凝土基层的含水率与龄期的关系推测,水泥砂浆在气温 20 ℃ ,相对湿度 60% 时,应干燥 7～14 d 后施涂,现浇混凝土基层应干燥 15～30 d 以上。

　对于复层涂料的施工,基层应当清洁、平整,不得有浮灰、油污,基层裂缝及坑洼处可用主涂层涂料作腻子嵌补修平。含水率小于 10 % 。新抹灰基层应在 7 d 后施涂,防止泛碱,造成涂层起皮脱落。

　大面积的外墙面一般要设计分隔线,分隔线的制作必须选用硬质挺拔的材料。

　涂料施工之前必须将基层上的灰尘、垃圾、油污等清除,以保证腻子、涂料能够牢固附着在基层上。脚手架支撑点应修补后与大面同时涂刷,不致产生色差。

　基层的好坏直接影响着涂装工程的好坏,故必须在基层验收合格后才能正式进行外墙的涂装。基层要求的要求如下:

　(1)外墙涂料的基层为普通、中级、高级抹灰基层和混凝土基层。

（2）基层必须牢固，无裂缝或起壳。

（3）基层的含水率不得大于 8%～10%，pH 值为 7～10。

（4）墙面如发现起白即严禁进行涂料施工，须经处理验收合格后方可涂装。

（5）抹灰和混凝土基层的质量要求应符合《建筑装饰装修工程施工质量验收规范》（GB 50210－2001)和《混凝土结构工程施工质量验收规范》（GB 50204)的有关要求。

一般抹灰的允许偏差和检验方法见表 3—9。

现浇结构外观质量缺陷见表 3—10。

表 3—9　一般抹灰的允许偏差和检验方法

项目	允许偏差		检验方法
	普通抹灰	高级抹灰	
立面垂直度	4	3	用 2 m 垂直检测尺检查
表面平整度	4	3	用 2 m 靠尺和塞尺检查
阴阳角方正	4	3	用直角检测尺检查
分格条（缝）直线度	4	3	拉 5 m 线，不足 5 m 拉通线，用钢直尺检查
墙裙、勒脚上口直线度	4	3	拉 5 m 线，不足 5 m 拉通线，用钢直尺检查

注：1. 普通抹灰，本表第 3 项阴角方正可不检查。

　　2. 顶棚抹灰，本表第 2 项表面平整度可不检查，但应平顺

表 3—10　现浇结构外观质量缺陷

名称	现　象	严重缺陷	一般缺陷
露筋	构件内钢筋未被混凝土包裹而外露	纵向受力钢筋有露筋	其他钢筋有少量露筋
蜂窝	混凝土表面缺少水泥砂浆而形成石子外露	构件主要受力部位有蜂窝	其他部位有少量蜂窝

续上表

名称	现象	严重缺陷	一般缺陷
孔洞	混凝土中孔穴深度和长度均超过保护层厚度	构件主要受力部位有孔洞	其他部位有少量孔洞
夹渣	混凝土中夹有杂物且深度超过保护层厚度	构件主要受力部位有夹渣	其他部位有少量夹渣
疏松	混凝土中局部不密实	构件主要受力部位有疏松	其他部位有轻微疏松
裂缝	缝隙从混凝土表面延伸至混凝土内部	构件主要受力部位有影响结构性能或使用功能的裂缝	其他部位有少量不影响结构性能或使用功能的裂缝
连接部位缺陷	构件连接处混凝土缺陷及连接钢筋、连接件松动	连接部位有影响结构传力性能的缺陷	连接部位有基本不影响结构传力性能的缺陷
外形缺陷	缺棱掉角、棱角不直、翘曲不平、飞边凸肋等	清水混凝土构件有影响使用功能或装饰效果的外形缺陷	其他混凝土构件有不影响使用功能的外形缺陷
外表缺陷	构件表面麻面、掉皮、起砂、玷污等	具有重要装饰效果的清水混凝土构件有外表缺陷	其他混凝土构件有不影响使用功能的外表缺陷

(6)应将基体或基层的缺棱掉角处用1：3的水泥砂浆(或聚合物水泥砂浆)修补,表面麻面及缝隙应用腻子填补并磨平。

(7)基层表面上的尘土、油污、垃圾、溅浆等应清洗干净。

(8)大面积外墙面宜作分格线处理,分格条应用质硬挺拔的材料制成。

(9)外墙涂料施工前应对基层的平整、裂缝等质量指标进行验收,并作记录,认可后方可进行涂料施工。

(10)基层应用与面涂相配套的封底涂料处理。

3. 施工要求

外墙涂料工程施工前,应根据实际的涂刷面积,所用涂料品种,外墙墙面情况确定所需材料用量,保持适当余量,以保证墙面色泽,并避免在修补时产生色差。颜色的选择可用参考涂料标准色卡确定,当设计的颜色超出标准色卡时可参考生产厂家色卡或颜色实样确定。

施工场地往往比较混乱,为避免混淆,不同品种、色彩的涂料应分别放置。双组分涂料则应按照厂家提供的配比进行混合,搅拌均匀并在指定的时间内用完,做到随拌随用。

涂料施工应当自上而下进行,防止涂刷时液滴玷污已涂刷好的墙面。分隔线应尽可能地减少接痕。脚手架支撑点应在涂料施工前清除、移位、修补,同时注意清除脚手架上的浮灰,避免污染涂刷面。

涂料工程在施工工艺上规定要涂刷配套的底涂料,其作用是封闭墙面,降低基层的吸收性,使基层均匀吸收涂料、避免墙面水泥砂浆反碱并增加涂层与基层的黏结力,如使用封闭底漆还可以降低面层涂料的用量,保证涂面的颜色均一。底漆与面漆应是同一厂家生产的,防止在工程中出现不同质量、性能的涂料混用导致事故。

在涂料施工前后应当注意当地的天气状况,尽量避免涂装施工后即刮风、下雨。不同涂料的施工温度存在差异,对于施工时的气温应符合所用涂料的规定,特别是乳液型的涂料,在成膜温度以下施工会造成涂膜龟裂。通常水性涂料的施工最好在 5 ℃ 以上,0 ℃ 以下严禁施工;溶剂型外墙涂料施工无温度限制。在气温高于 35 ℃ ,湿度小的季节施涂乳液涂料时,应将基层用水润湿,无明水后施涂,否则容易出现涂层成膜过快而脱皮。采用机械喷涂时,应将不应喷涂的区域遮盖,避免造成污染。

4. 施工准备

(1)外墙涂料的材料准备应根据实际涂装面积与材料的单耗,正确计算所需涂料量。

(2)工程所用的涂料和半成品(包括施工现场配制),均应有品名、种类、颜色、生产时间、储存时间、使用说明和产品合格证。

(3)不同品种、颜色的涂料应分别放置,储存条件应符合产品说明书要求。同一工程所用的同一颜色的涂料应当为同一批次,若不同包装的涂料存在色差时,应倒入大型容器中搅拌均匀,确保建筑物的同一墙面所用的涂料无颜色差异。

(4)涂刷前应将包装桶内的涂料搅拌均匀后施工。

(5)双组分涂料应按照产品说明比例混合,根据使用情况分批混合,搅拌均匀,在规定的时间内用完。

(6)脚手架的拉接铁丝和支撑在涂刷前应妥善移位并修复,同时脚手架应清理干净。

5. 薄质涂料的施工

(1)薄质涂料施工工序见表3—11。

表3—11 薄质涂料施工工序

序号	工序名称	乳液型涂料	溶剂型涂料
1	修补	+	+
2	清扫	+	+
3	填补缝隙,局部刮腻子	+	+
4	磨平	+	+
5	刷底涂料	+	+
6	第一遍面涂料	+	+
7	第二遍面涂料	+	+

注:1.表中"+"号表示应进行的工序。

2.加施涂料涂二遍后,饰面效果不理想可增加1~2遍面涂。

(2)外墙涂装工程所用的腻子应坚实牢固,不得粉化、起皮和裂纹,具有耐水性能。腻子层不可过厚(以找平墙面为准)。腻子干燥后,应打磨光滑,并清理干净。

(3)外墙涂料工程应要求按"一底二面"(一度底涂,两度面涂)施工,根据工程质量要求可以适当增加面涂度数。

(4)先在墙面上涂刷一度配套底涂料,干燥后涂刷第一度面涂。第二度面涂必须在第一度面涂干燥后方可进行。每一度涂刷必须均匀,层与层之间需结合牢固。

(5)涂刷施工应由建筑物自上而下进行,每一度涂刷以分格线、墙面阴阳角交接处或落水管等为界。

(6)涂料在涂刷时和干燥前必须防止雨淋、尘土玷污。各类涂料的施工温度应按产品说明书规定的温度控制,水性涂料在 0 ℃以下严禁施工;在气温高、湿度小的季节施涂时,应将基层用水润湿,无明水后施涂。

(7)采用机械喷涂时,应将不喷涂部位遮盖,防止玷污。

(8)涂刷施工工具使用完毕后应及时清洗或浸泡在相应的溶剂中。

6. 复层涂料的施工

(1)复层涂料的施工应见表 3—12。

表 3—12　复层涂料施工工序

序号	工序名称	合成树脂乳液复层涂料	硅溶胶复层涂料	水泥系复层涂料	反应固化型复层涂料
1	修补	+	+	+	+
2	清扫	+	+	+	+
3	填补缝隙,局部刮腻子	+	+	+	+
4	磨平	+	+	+	+
5	刷封底涂料	+	+	+	+
6	施涂主涂层	+	+	+	+
7	滚压	+	+	+	+
8	第一遍罩面涂料	+	+	+	+
9	第二遍罩面涂料	+	+	+	+

注:1. 表中"+"号表示应进行的工序。

2. 如需要特殊造型时,可不进行滚压。

3. 水泥系主涂层喷涂后,应先干燥 12 h,然后洒水养护 24 h,再干燥 12 h后,才能施涂罩面涂料。

(2)用108胶∶白水泥＝1∶5,水适量的混合料刷涂、滚涂或刮涂基层,可调整基层的渗透性,增强主涂层的附着力。涂刷均匀,不可有漏刷、流坠现象。

(3)浮雕层涂料(水泥系、反应固化型复层涂料)应随用随配,防止浪费。配料应有专人负责,保证配料均匀准确。

(4)浮雕层涂料施工一般采用机械喷涂,施工前应进行试喷。对涂料黏度、喷枪种类、枪嘴直径、枪口气压、喷枪与墙面的距离和角度适当调节,以样板为准,经检查认可后方可大面积施工。

(5)阴阳角、分格线处应加以挡板,喷枪行走路线可上下或左右进行,不均匀处可补喷,保证均匀。

(6)使用有色涂料要注意出厂批号,同一分块内应用同批号的产品。

(7)浮雕层涂料喷涂完毕后可用塑料辊或橡皮辊蘸煤油或松节油等高沸点溶剂迅速来回滚压。每辊交接处不要形成明显接痕。

(8)浮雕层涂料需打磨则应固化到不易损坏时,按样本模式用打磨机将凸部磨平。

(9)浮雕层喷涂完毕干燥固化后,再滚涂或喷涂罩面层,一般滚涂两度,第二度滚涂必须在第一度面涂干燥后进行。

(10)空气泵必须设专人看管,避免潮湿雨淋。注意用电及设备安全。

(11)刚施工完毕的饰面要注意保护,防止在烈日下曝晒,涂层硬化前要避免雨淋。

【技能要点2】施工准备

1. 外墙墙面的处理要求

(1)基层表面的灰砂、污垢和油渍等,必须清除干净,脚手眼洞,门窗框与墙体之间的缝隙,应先用水泥砂浆堵实补好,混凝土基层应剔除凸出部分,光面要凿毛,用钢丝刷满刷一遍,或者洒水湿润后用水泥浆加108胶水扫毛,增加粉刷黏结力。

(2)基层处理后,应检查基层表面的平整度和垂直度,挂垂线拉水平通线,用与底层刮糙相同的砂浆做灰饼、出标筋,用长靠尺检查标筋是否标准。刮糙必须分层抹平,要求至少分两遍成活。局部超厚的应分层打底,用刮尺和木抹子按标筋抹平,并随手划毛。表面要求平整、垂直、粗糙。对阴阳角和门窗头角要求方正、垂直、通顺。凡外墙遇砖与混凝土交界处,用防水砂浆打底后,铺一层钢板网再粉刷,防止裂缝的产生。

(3)凡墙体阳角均做隐护墙角。采用15厚1∶2.5水泥砂浆,每侧宽度不小于50 mm,通顶高。做法为根据灰饼厚度抹灰,粘好八字靠尺,并且找方吊直,用1∶2.5水泥砂浆分层抹平;待砂浆稍干后,用捋角器和水泥浆捋出小圆角。

(4)凡是卫生间墙体临房间墙面均采用防水砂浆粉刷。所有粉刷面均要求阴阳角通角垂直,面层平整光滑,无明显接搓。

(5)油漆要严格按照施工工艺要求进行施工。砂皮要打透,墙面做好后要求达到明亮、平整、无透底、无漏刷现象发生。

(6)涂料施工前,清理墙、柱表面。首先将墙、柱表面起皮及松动处清理干净,将灰渣铲干净,然后将墙、柱表面扫净。

(7)修补墙、柱表面。修补前,先涂刷一遍用三倍水稀释后的108胶水。然后,用水石膏将墙、柱表面的坑洞、缝隙补平,干燥后用砂纸将凸出处磨掉,将浮尘扫净。

(8)刮腻子。遍数可由墙面平整程度决定,一般为两遍,腻子以纤维素溶液、福粉,加少量108胶,光油和石膏粉拌合而成。第一遍横向满刮,一刮板紧接着一刮板,接头不得留搓,每刮一刮板最后收头要干净平顺。干燥后磨砂纸,将浮腻子及斑迹磨平磨光,再将墙柱表面清扫干净。第二遍竖向满刮,所用材料及方法同第一遍腻子,干燥后用砂纸磨平并扫干净。

(9)刷第一遍涂料。涂刷顺序是先上后下。乳胶漆用排笔涂刷。使用新排笔时,将活动的排笔毛拔掉。涂料使用前应搅拌均匀,适当加水稀释,防止头遍漆刷不开。涂刷时,从一头开始,逐渐向另一头推进,要上下顺刷,互相衔接,后一排笔紧接前一排笔,避免出现干燥后接头。待第一遍涂料干燥后,复补腻子,腻子干燥后用砂纸磨光，清扫干净。

（10）刷第二遍涂料。第二遍涂料操作要求同第一遍。使用前要充分搅拌，如不很稠，不宜加水或少加水，以防露底。

2. 外墙涂料涂装体系

一般的外墙建筑涂料涂装体系，分为三层，即底漆、中涂漆、面漆。

（1）底漆。底漆封闭墙面碱性，提高面漆附着力，对面涂性能及表面效果有较大影响。如不使用底漆，漆膜附着力会有所削弱，墙面碱性对面漆性能的影响更大，尤其使用白水泥腻子的底面，可能造成漆膜粉化、泛黄、渗碱等问题，破坏面漆性能，影响漆膜的使用寿命。

（2）中涂漆。中涂漆主要作用是提高附着力和遮盖力，提供立体花纹，增加丰满度，并相应减少面漆用量。

（3）面漆。面漆是体系中最后涂层，具装饰功能，抗拒环境侵害。

外墙施工前，应计算涂刷的面积，确定涂料的用量，以保证墙体色泽一致，避免在修补时产生色差。涂料施工应当自上而下进行，防止涂刷时涂料滴到墙面上造成污染；分隔线应尽可能减少接痕，脚手架支撑点应在涂料施工前清除、移位、修补，以避免涂面颜色不一致。外墙涂料工程应按"一底两面"的要求（一道底涂料两道面涂料）施工，应根据工程的要求，可适当增加面涂的遍数。

（4）施工环境条件。建筑涂料的施工、干燥、结膜，都要在一定的温度和湿度下进行，通常乳胶涂料的结膜性能是在 23 ℃±2 ℃，相对湿度 60%～70%条件下测试的。涂料通常最低温度为 5 ℃，最适宜的温度为 10 ℃～35 ℃，施工湿度 60%～70%。另外，不要在阳光直射下施工，尤其是夏季，阳光直射下表面温度会偏高，水分蒸发过快而影响涂层成膜不良。风大也不宜施工，会加速水分的蒸发过程，而且涂层容易沾染尘土。

3. 施工工具准备

高层建筑涂料施工宜采用电动吊篮，多层建筑涂料施工宜采

用桥式架子,室内则根据层高的具体情况,准备操作架子,其他工具则应根据确定的施工方法配套准备,综合起来其主要机具如下:

(1)刷涂工具,包括排笔、棕刷、料桶等。

(2)喷涂机具,包括空气压缩机(最高气压 10 MPa,排气室0.6 m³)、高压无气喷涂机(含配套设备)。

(3)喷斗、喷枪、高压胶管等。

(4)滚涂工具,包括长毛绒辊、压花辊、印花辊、硬质塑料或橡胶辊。

(5)弹涂工具,包括手动或电动弹涂器及配套设备。

(6)抹涂工具,包括不锈钢抹子、塑料抹子、托灰板等。

(7)手持式电动搅拌器等。

空气压缩机使用注意事项

安装现场一般用移动式空气压缩机,产气率为 3、6、10 m³/min。这种压缩机最高压力为 0.7~0.725 MPa。

空气压缩机使用注意事项:

(1)输气管应避免急弯,打开送风阀前,必须事先通知工作地点的有关人员。

(2)空气压缩机出口处不准有人工作。储气罐放置地点应通风,严禁日光曝晒和高温烘烤。

(3)压力表、安全阀和调节器等应定期进行校验,保持灵敏有效。

(4)发现气压表、机油压力表、温度表、电流表的指示值突然超过规定或指示不正常,发生漏水、漏气、漏电、漏油或冷却液突然中断,发生安全阀不停放气或空气压缩机声响不正常等情况时应立即停机检修。

(5)严禁用汽油或煤油洗刷曲轴箱、滤清器或其他空气通路的零件。

(6)停车时应先降低气压。

【技能要点3】水溶性涂料涂饰工程

1. 材料要求

(1)涂料:乙酸乙烯乳胶漆。应有产品合格证、出厂日期及使用说明。

(2)填充料:钛白粉、石膏粉、滑石粉、浚甲基纤维素、聚酯酸乙烯乳液、地板黄、红土粉、黑烟脂、立德粉等。

(3)颜料:各色有机或无机颜料,应耐碱、耐光。

(4)应按相应的基体表面状况、涂料性能、工件的使用环境和使用目的等选择构成涂层体系的各层相应的涂料。常用水性涂料在涂层体系中的选用见表3—13。

表 3—13　常用水性涂料在涂层体系中的选用

品种		底层	中间层	面层	底面合一层
Ⅰ型	丙烯酸金属乳胶涂料	Y	Y	Y	Y
	苯丙金属乳胶涂料	Y	Y	Y/N	Y/N
Ⅱ型	偏氯乙烯电泳涂料	Y	N	N	Y/N
	丙烯酸电泳涂料	Y	N	N	Y
Ⅲ型	丙烯酸阳极电泳涂料	Y	N	N	Y
	环氧阳极电泳涂料	Y	N	N	Y/N
	聚丁二烯阳极电泳涂料	Y	N	N	Y
	环氧阴极电泳涂料	Y	N	N	Y/N
	丙烯酸阴极电泳涂料	Y	N	N	Y
Ⅳ型	水性醇酸涂料	Y	Y	Y	Y
	水性丙烯酸涂料	Y/N	Y/N	Y	Y
	水性环氧防锈涂料	Y	Y	N	N
	水性聚酯涂料	Y/N	Y	Y/N	Y

注:Y—可以选用;N—不能选用;Y/N—由供需双方协商确定选用或不选用

2. 基层处理

基层处理的工作内容包括基层清理和基层修补。

(1)混凝土及砂浆的基层处理。为保证涂膜能与基层牢固黏结在一起,基层表面必须干净、坚实,无酥松、脱皮、起壳、粉化等现象,基层表面的泥土、灰尘、污垢、粘附的砂浆等应清扫干净,酥松的表面应予铲除。为保证基层表面平整,缺棱掉角处应用 1∶3 水泥砂浆(或聚合物水泥砂浆)修补,表面的麻面、缝隙及凹陷处应用腻子填补修平。

(2)木材与金属基层的处理及打底子。为保证涂抹与基层黏结牢固,木材表面的灰尘、污垢和金属表面的油渍、鳞皮、锈斑、焊渣、毛刺等必须清除干净。木料表面的裂缝等在清理和修整后应用石膏腻子填补密实、刮平收净,用砂纸磨光以使表面平整。木材基层缺陷处理好后表面上应作打底子处理,使基层表面具有均匀吸收涂料的性能,以保证面层的色泽均匀一致。金属表面应刷防锈漆,涂料施涂前被涂物件的表面必须干燥,以免水分蒸发造成涂膜起泡,一般木材含水率不得大于 12%,金属表面不得有湿气。

3. 施工要点

(1)修补腻子。用水石膏将墙面等基层上磕碰的坑凹、缝隙等处分别找平,干燥后用 1 号砂纸将凸出处磨平,并将浮尘等清扫干净。

(2)刮腻子。涂膜对光线的反射比较均匀,因而在一般情况下不易觉察的基层表面细小的凹凸不平和砂眼,在涂刷涂料后由于光影作用都将显现出来,影响美观。所以基层必须刮腻子数遍予以找平,并在每遍所刮腻子干燥后用砂纸打磨,保证基层表面平整光滑。

需要刮腻子的遍数,视涂饰工程的质量等级,基层表面的平整度和所用的涂料品种而定。一般情况为三遍,腻子的配合比为质量比,有两种:

1)适用于室内的腻子,其配合比为聚酯酸乙烯乳液(即白乳胶)∶滑石粉或钛白粉∶20%羧甲基纤维素溶液=1∶5∶3.5;

2)适用于外墙、厨房、厕所、浴室的腻子其配合比为聚醋酸乙烯乳液∶水泥∶水=1∶5∶1。

具体操作方法为第一遍用胶皮刮板横向满刮,一刮板接一刮板,接头不得留槎,每刮一板最后收头时,要注意收的要干净利落。干燥后用1号砂纸,将浮腻子及斑迹磨平磨光,再将墙面清扫干净。第二遍用胶皮刮板竖向满刮,所用材料和方法同第一遍腻子,干燥后用1号砂纸磨平并清扫干净。第三遍用胶皮刮板找补腻子,用钢片刮板满刮腻子,墙面等基层部位刮平刮光干燥后,用细砂纸磨平磨光,注意不要漏磨或将腻子磨穿。

(3)涂第一遍乳液薄涂料。施涂顺序是先刷顶板后刷墙面,刷墙面时应先上后下。先将墙面清扫干净,再用布将墙面粉尘擦净。乳液薄涂料一般用排笔涂刷,使用新排笔时,注意将活动的排笔毛理掉。乳液薄涂料使用前应搅拌均匀,适当加水稀释,防止头遍涂料涂不开。干燥后复补腻子,待复补腻子干燥后用砂纸磨光,并清扫干净。

(4)涂第二遍乳液薄涂料。操作要求同第一遍,使用前要充分搅拌,如不很稠,不宜加水,以防露底。漆膜干燥后,用细砂纸将墙面疙瘩和排笔毛打磨掉,磨光滑后清扫干净。

(5)涂第三遍乳液薄涂料。操作要求同第二遍乳液薄涂料。由于乳胶漆膜干燥较快,应连续迅速操作,涂刷时从一头开始,逐渐涂刷到另一头,要注意上下顺刷互相衔接,后一排笔紧接前一排笔,避免干燥后再处理接头。

4. 质量标准

(1)一般规定。

室外涂饰工程每一栋楼的同类涂料涂饰的墙面每 500～1 000 m² 应划分为一个检验批,不足 500 m² 也应划分为一个检验批。

室内涂饰工程同类涂料涂饰墙面每 50 间(大面积房间和走廊按涂饰面积 30 m² 为一间)应划分为一个检验批,不足 50 间也应划分为一个检验批。

室外涂饰工程每 100 m² 应至少检查一处,每处不得小于 10 m²。

室内涂饰工程每个检验应至少抽查 10%,并不得少于 3 间;不足 3 间时应全数检查。

(2)主控项目。

1)水性涂料涂饰工程所用涂料的品种、型号和性能应符合设计要求。

检验方法:检查产品合格证书、性能检测报告和进场验收记录。

2)水性涂料涂饰工程的颜色、图案应符合设计要求。

检验方法:观察。

3)水性涂料涂饰工程应涂饰均匀、黏结牢固,不得漏涂、透底、起皮和掉粉。

检验方法:观察;手摸检查。

4)水性涂料涂饰工程的基层处理应符合设计的要求。

检验方法:观察;手摸检查;检查施工记录。

(3)一般项目。

1)薄涂料的涂饰质量和检验方法应符合表3—14的规定。

表3—14　薄涂料的涂饰质量和检验方法

项次	项　目	普通涂饰	高级涂饰	检验方法
1	颜色	均匀一致	均匀一致	观察
2	泛碱、咬色	允许少量轻微	不允许	
3	流坠、疙瘩	允许少量轻微	不允许	
4	砂眼、刷纹	允许少量轻微砂眼、刷纹通顺	无砂眼,无刷纹	
5	装饰线、分色线直线度允许偏差(mm)	2	1	拉5m线,不足5m拉通线,用钢直尺检查

2)厚涂料的涂饰质量和检验方法应符合表3—15的规定。

表 3—15　厚涂料的涂饰质量和检验方法

项次	项目	普通涂饰	高级涂饰	检验方法
1	颜色	均匀一致	均匀一致	
2	泛碱、咬色	允许少量轻微	不允许	观察
3	点状分布	—	疏密均匀	

3)复合涂料的涂饰质量和检验方法应符合表 3—16 的规定。

表 3—16　复合涂料的涂饰质量和检验方法

项次	项目	质量要求	检验方法
1	颜色	均匀一致	
2	泛碱、咬色	不允许	观察
3	喷点疏密程度	均匀,不允许连片	

4)涂层与其他装修材料和设备衔接处应吻合,界面应清晰。

检验方法:观察。

5. 施工注意事项

(1)高空作业超过 2 m 应按规定搭设脚手架。施工前要进行检查是否牢固。人字梯应四角落地,摆放平稳,梯脚应设防滑橡皮垫和保险链。人字梯上铺设脚手板,脚手板两端搭设长度不得少于 20 cm,脚手板中间不得同时两人操作。梯子挪动时,作业人员必须下来,严禁站在梯子上踩高跷式挪动,人字梯顶部铰轴不准站人,不准铺设脚手板。人字梯应当经常检查,发现开裂、腐朽、楔头松动、缺档等,不得使用。

(2)施工现场应有严禁烟火的安全措施,现场应设专职安全员监督确保施工现场无明火。

(3)施工现场周边应根据噪声敏感区域的不同,选择低噪声设备或其他措施,同时应按国家有关规定控制施工作业时间。

(4)涂刷作业时操作工人应配戴相应的保护设施,如防毒面具、口罩、手套等。以免危害工人肺、皮肤等。

(5)严禁在民用建筑工程室内用有机溶剂清洗施工用具。

·62·

油 漆 工

【技能要点4】外墙彩色喷涂施工

1. 基面处理

(1)对原有建筑进行涂料涂刷时,对外饰面进行黏结强度测试,黏结强度大于或等于1.0 MPa。基面如果出现空鼓、脱层等现象,应将原有外墙饰面层清除,露出基层墙体重新抹灰,若被油污或浮灰污染需清除,满涂界面剂。

(2)基层含水率小于10%,pH值小于9.5。

(3)对基面进行全面检查,如抹刀痕迹,粗糙的拐角和边沿,露网等现象,进行修补;墙面不平,应刮补找平腻子。

(4)将混凝土或水泥混合砂浆抹灰面表面上的灰尘、污垢、溅沫和砂浆流痕等清除干净。同时将基层缺棱掉角处,用1:3水泥砂浆修补好;表面麻面及缝隙应用配合比为聚醋酸乙烯乳液:水泥:水为1:5:1调合成的腻子填补齐平,并用同样配合比的腻子进行局部刮腻子,待腻子干后,用砂纸磨平。

2. 施工准备

(1)根据设计要求、基层情况、施工环境和季节,选择、购买建筑涂料及其他配套材料。

(2)混凝土和墙面抹混合砂浆以上的灰已完成,且经过干燥,其含水率应符合下列要求:

1)表面施涂溶剂型涂料时,含水率不得大于8%;

2)表面施涂水性和浮液涂料时,含水率不得大于10%。

(3)水电及设备、顶墙上预留、预埋件已完成。

(4)门窗安装已完成并已施涂一遍底子油(干性油、防锈涂料),如采用机械喷涂涂料时,应将不喷涂的部位遮盖,以防污染。

(5)水性和乳液涂料施涂时的环境温度,应按产品说明书的温度控制。冬期室内施涂涂料时,应在采暖条件下进行,室温应保持均衡,不得突然变化。

(6)施涂前应将基体或基层的缺棱掉角处,用1:3水泥砂浆(或聚合物水泥砂浆)修补;表面麻面及缝隙应用腻子填补齐平(外墙、厨房、浴室及厕所等需要使用涂料的部位,应使用具有耐水性能的腻子)。

(7)对施工人员进行技术交底时,应强调技术措施和质量要求。大面积施工前应先做样板,经质检部门鉴定合格后,方可组织班组施工。

3. 工艺流程

原则是先上后下、先顶棚后墙面。

基层处理→分格缝→施涂封底涂料→ 喷、滚、弹主涂层→喷、滚、弹面层涂料→涂料修整。

4. 分格缝

首先根据设计要求进行吊垂直、套方、找规矩、弹分格缝。此项工作必须严格按标高控制好,必须保证建筑物四周要交圈,还要考虑外墙涂料工程分段进行时,应有分格缝。墙的阴角处或水落管等为分界线和施工缝,垂直分格缝则必须进行吊直,千万不能用尺量,否则差 3 mm 亦会很明显,缝格必须平直、光滑、粗细一致等。

5. 施工要点

(1)刷涂:涂刷方向、距离应一致,接槎应在分格缝处。如所用涂料干燥较快时,应缩短刷距。刷涂一般不少于两道,应在前一道涂料表干后再刷下一道。两道涂料的间隔时间一般为 2～4 h。

(2)喷涂:喷涂施工应根据所用涂料的品种、黏度、稠度、最大粒径等,确定喷涂机具的种类、喷嘴口径、喷涂压力、与基层之间的距离等。一般要求喷枪运行时,喷嘴中心线必须与墙面垂直,喷枪与墙面有规则地平行移动,运行速度应保持一致。涂层的接槎应留在分格缝处。门窗以及不喷涂料的部位,应认真遮挡。喷涂操作一般应连续进行,一次成活。

(3)滚涂:滚涂操作应根据涂料的品种、要求的花饰确定辊子的种类。操作时在辊子上蘸少量涂料后,在预涂墙面上上下垂直来回滚动,应避免扭曲蛇行。

(4)弹涂:先在基层刷涂 1～2 道底色涂层,待其干燥后进行弹涂。弹涂时,弹涂器的机口应垂直、对正墙面,距离保持 30～50 cm,按一定速度自上而下、由左向右弹涂。选用压花型弹涂时,应适时将彩点压平。

（5）复层涂料：这是由底层涂料、主涂层、面层涂料组成的涂层。底层涂料可采用喷、滚、刷涂的任一方法施工。主涂层用喷斗喷涂，喷涂花点的大小、疏密根据需要确定。花点如需压平时，则应在喷点后适时用塑料或橡胶辊蘸汽油或二甲苯压平。主涂层干燥后，即可涂饰面层涂料。面层涂料一般涂两道，其时间间隔为 2 h 左右。

复层涂料的三个涂层可以采用同一材质的涂料，也可采用不同材质的涂料。例如，主涂层除可用合成树脂乳液涂料、硅溶胶涂料外，也可采用取材方便、价格低廉的聚合物水泥砂浆喷涂。面层涂料也可根据对光泽度的不同要求，分别选用水性涂料或溶剂型涂料。有时还可以根据需要增加一道罩光涂料。

（6）修整：涂料修整工作很重要，其修整的主要形式有两种，一种是随施工随修整，它贯穿于班前班后和每完成一分格或一步架子后；另一种是整个分部、分项工程完成后，应组织进行全面检查，如发现有漏涂、透底、流坠等弊病，应立即修整和处理。

6. 成品保护

（1）施工前应将不进行喷涂和弹涂的门窗及墙面遮挡保护好，以防玷污。

（2）喷、滚、弹涂完成后，应及时用木板将洞口保护好，防止碰撞损坏。

（3）拆、翻架子时，要严防碰撞墙面和污染涂层。

（4）油工在施工操作时严禁蹬踩已施工完毕的部位，还应注意切勿将油桶、涂料污染墙面。

（5）室内施工时一律不准从内往外清倒垃圾，严防污染喷、滚、弹涂饰面面层。

（6）阳台、雨罩等出水口宜采用硬质塑料管作排水管，防止因用铁管造成对面层的锈蚀。

（7）涂料干燥前，应防止雨淋、尘土玷污和热空气的侵袭，如一旦发生，应及时进行处理。

（8）施涂工具使用完毕后，应及时清洗或浸泡在相应的溶剂中，以确保下次继续使用。

7. 应注意的质量问题

（1）喷、滚、弹面层空鼓、裂缝。主要原因是结构基底不平，底层抹灰厚薄不匀，没按规程分层打底和分格施工，由于大面积水泥砂浆抹后不分格、不分层，干燥收缩不一，会形成空鼓裂缝；此外，在做面层时，由于基层清理不净，基层比较干燥，亦同样会将面层拉裂。

（2）颜色不匀，二次修补接槎明显。主要原因是配合比掌握不准，掺加料不匀；喷、滚、伸手法不一，或涂层厚度不一；采用单排外脚手架施工，随拆架子、随修墙脚手眼，随抹灰、随喷、滚、弹，因底层二次修补灰层与原抹灰层含水率不一，面层施工后含水率高，造成面层二次修补接槎明显。解决办法为设专人掌握配合比和统一配料，且计量要准；喷、滚、弹面层施工要指定专人负责，以便操作手法一致，面层厚度掌握均匀；严禁采用单排外架子，如采用双排外架子施工时，要禁止将支杆压在墙上，造成二次修补，影响涂层美观。

（3）底灰抹的不平，或抹纹明显。主要原因是喷、滚、弹涂层较薄，底灰上的弊病，要想通过面层来掩盖是掩盖不了的，所以要求底灰抹好后，应符合水泥砂浆抹面检验的标准，否则，影响面层的质感。

（4）面层施工接槎明显。主要原因是面层施工时没将施工槎子留在不显眼的地方，而是无计划乱甩槎，形成面层花感。解决办法为施工中间留槎必须留在分格条、伸缩缝或管后，如水落管等不显眼的地方，严禁在分块中间甩槎。二次接槎施工时注意涂层的厚度，避免重叠涂层，形成局部花感。

（5）施工时颜色很好，交工时污染不清。主要原因是涂层内的颜色选择不好，施工完成到竣工，经风吹雨打日晒，颜色变化，交竣时面层污染不清。解决办法为选用抗紫外线、抗老化的无机颜料，施工时严格控制加水量，中途不得随意加水，以保持颜色一致；

要防止面层的污染,可在涂层完工 24 h 后喷有机硅一道,并注意喷时要喷的厚度一致,既要防止漏喷,又要防止流淌或过厚,形成花感。

【技能要点 5】彩砂涂料施工

1. 材料构成和配合比

彩砂饰面材料是由基层封闭涂料、黏结胶、彩色石(砂)粒和罩面涂料四部分组成的。

(1)基层封闭涂料是由 BC-01 型苯丙乳液加 BCA-01 型混合助剂及水混合配制而成。其配合比为 BC01 乳液：BCA-01 混合助剂：水＝1：0.1：10。用 BC-01 乳液封闭基层的作用,主要是减缓干燥基层从黏结胶中过快地吸收水分,从而便于施工。助剂 BCA-01 是辅助乳液成膜的一种透明液体,由挥发性强的溶剂和汽油配制而成。

(2)黏结胶构成较为复杂,BC-01 乳液为其主要成分,也是黏结胶的主要成膜物质。其他成分有由硫酸钡、滑石粉、轻质碳酸钙和石英砂组成的填料;还有成膜助剂(丙二醇或乙二醇),分散剂(六偏磷酸钠),增稠剂(羧甲基纤维素),防霉、防腐剂(五氯酚钠、苯甲酸钠)等多种助剂。黏结胶是彩砂与墙基层的连结体,由专门厂家生产。

(3)彩色石粒系由各种花岗石、大理石等石料破碎而成,粒径 1.2~3 mm,在饰面中起骨架作用。

(4)罩面涂料由 BC-02 型苯丙乳液加 BCA-02 型混合助剂混合配制而成。配合比为 BC-2 乳液：BCA-02 混合助剂＝1：0.1。罩面涂料的材质近似于 BC-02,掺入 BCA-02 助剂喷在石粒上之后,能够很快形成一个连续、憎水并透明的薄膜层。它可防止雨水浸入饰面层,并具有抗污染和抗老化的性能。

2. 常用机具

空气压缩机,喷石斗(可用机喷石斗代替),特制喷胶斗(如图 3—3 所示)及胶辊等。

3. 基层处理

　　混凝土墙面抹灰找平时,先将混凝土墙表面凿毛,充分浇水湿润,用1∶1水泥砂浆,抹在基层上并拉毛。待拉毛硬结后,再用1∶2.5水泥砂浆罩面抹光。对预制混凝土外墙麻面以及气泡,需进行修补找平,在常温条件下湿润基层,用水∶石灰膏∶胶粘剂＝1∶0.3∶0.3加适量水泥,拌成石灰水泥浆,抹平压实。这样处理过的墙面的颜色与外墙板的颜色近似。

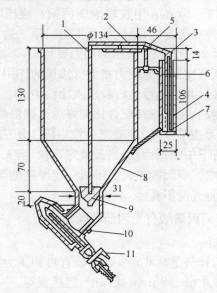

图3—3　特制喷胶斗(单位:mm)

1—吊棍;2—传动杆;3—顶棍;4—手柄;5—最大定量控制;
6—螺母;7—弹簧;8—斗体;9—胶塞;10—固定套;11—开关

4. 操作要点

　　(1)基层封闭乳液刷两遍。第一遍刷完待稍干燥后再刷第二遍,不能漏刷。

　　(2)基层封闭乳液干燥后,即可喷黏结涂料。胶厚度在1.5 mm左右,要喷匀,过薄则干得快,影响黏结力,遮盖能力低;过厚会造成流坠。接槎处的涂料要厚薄一致,否则也会造成颜色不均匀。

　　(3)喷黏结涂料和喷石粒工序连续进行,一人在前喷胶,一人在后喷石,不能间断操作,否则会起膜,影响粘石效果和产生明显的接槎。

喷斗一般垂直距墙面 40 cm 左右,不得斜喷,喷斗气量要均匀,气压在 0.5～0.7 MPa 之间,保持石粒均匀呈面状地粘在涂料上。喷石的方法以鱼鳞划弧或横线直喷为宜,以免造成竖向印痕。

水平缝内镶嵌的分格条,在喷罩面胶之前要起出,并把缝内的胶和石粒全部刮净。

(4)喷石后 5～10 min 用胶辊滚压两遍。滚压时以涂料不外溢为准,若涂料外溢会发白,造成颜色不匀。第二遍滚压与第一遍滚压间隔时间为 2～3 min。滚压时用力要均匀,不能漏压。

第二遍滚压可比第一遍用力稍大。滚压的作用主要是使饰面密实平整,观感好,并把悬浮的石粒压入涂料中。

(5)喷罩面胶。在现场按配合比配好后过铜箩筛子,防止粗颗粒堵塞喷枪(用万能喷漆斗)。喷完石粒后隔 2 h 左右再喷罩面胶两遍。上午喷石下午喷罩面胶,当天喷完石粒,当天要罩面。喷涂要均匀,不得漏喷。罩面胶喷完后形成一定厚度的隔膜,把石渣覆盖住,用手摸感觉光滑不扎手,不掉石粒。

【技能要点 6】丙烯酸有光凹凸乳胶漆施工

1. 施工机具

空气压缩机排气量 0.6 m³,要求装有自动压力控制器;喷枪,喷嘴要求 2 mm、4 mm、8 mm;铁抹子、遮挡板等。

2. 基层处理

丙烯酸有光凹凸乳胶漆可以喷涂在混凝土、水泥石棉板等基体表面,也可以喷涂在水泥砂浆或混合砂浆基层上。其基层含水率不大于 10%,pH 值在 7～10 之间。其基层处理要求与前述喷涂无机高分子涂料基层处理方法基本相同。

3. 操作要点

(1)喷涂凹凸乳胶底漆。

喷枪口径采用 6～8 mm,喷涂压力 0.4～0.8 MPa。先调整好黏度和压力后,由一人手持喷枪与饰面成 90°角进行喷涂。其行走路线,可根据施工需要上下或左右进行。花纹与斑点的大小以及涂层厚薄,可调节压力和喷枪口径大小进行调整。一般底漆用量为 0.8~1.0 kg/m²。

喷涂后,一般在 25 ℃±1 ℃,相对湿度 65%±5%的条件下停 5 min后,再由一人用蘸水的铁抹子轻轻抹、轧涂层表面,始终按上下方向操作,使涂层呈现立体感图案,且要花纹均匀一致,不得有空鼓、起皮、漏喷、脱落、裂缝及流坠现象。

(2)喷涂各色丙烯酸有光乳胶漆。

喷底漆后,相隔 8 h(25 ℃±1 ℃,相对湿度 65%±5%),即用 1 号喷枪喷涂丙烯酸有光乳胶漆。喷涂压力控制在 0.3~0.5 MPa 之间,喷枪与饰面成 90°角,与饰面距离 40~50 cm 为宜。喷出的涂料要成浓雾状,涂层要均匀,不宜过厚,不得漏喷。一般可喷涂两道,一般面漆用量为 0.3 kg/m²。

喷涂时,定要注意用遮挡板将门窗等易被污染部位挡好。如已污染应及时清除干净。雨天及风力较大的天气不要施工。

(3)须注意每道涂料在使用之前都需搅拌均匀后方可施工,厚涂料过稠时,可适当加水稀释。

(4)双色型的凹凸复层涂料施工,其一般做法为第一道封底涂料,第二道喷涂带彩色的面涂料,第三道喷涂厚涂料,第四道喷涂罩光涂料。具体操作时,应依照各厂家的产品说明。在一般情况下,丙烯酸凹凸乳胶漆厚涂料作喷涂后数分钟,可采用专用塑料辊蘸煤油滚压,注意掌握压力的均匀,以保持涂层厚度一致。

4. 施工注意事项

(1)大多数涂料的贮存期为 6 个月,购买时和使用前应检查出厂日期,过期者不得使用。

(2)基层墙面如为混凝土、水泥砂浆面,应养护 7~10 d 后方可作涂料施工,冬季需 20 d。

(3)涂料施工温度必须是在 5 ℃以上,涂料的贮存温度须在 0 ℃以上,夏季要避免日光照射,存放于干燥通风之处。

【技能要点 7】外墙干粉涂料施工

1. 基面处理

(1)对原有建筑进行涂料涂刷时,对外饰面进行黏结强度测试,黏结强度大于或等于 1.0 MPa。基面如果出现空鼓、脱层等现象,应将原有外墙饰面层清除,露出基层墙体重新抹灰,若被油污或浮灰污染需清除,满涂界面剂。

(2)基层含水率小于 10%,pH 值小于 9.5。

(3) 对基面进行全面检查,如抹刀痕迹,粗糙的拐角和边沿,露网等现象,进行修补;墙面不平,应刮补找平腻子。

2. 施工条件

(1)外墙涂料施工应在基层墙体工程验收合格后进行。

(2)外墙涂料施工前,外墙门窗框必须安装完毕并验收合格。

(3)施工现场应做到通电、通水并保持工作环境的清洁。

(4)环境温度和基层墙体表面温度均不低于 0 ℃;风力不大于5 级。最适宜的施工温度为 15 ℃ ～35 ℃。

(5)夏季高温时,不宜在强光直射下施工。雨天不得施工。

(6)外墙涂料施工宜采用人工脚手架,墙体不应预留孔洞及其他有碍于施工的杂物。

3. 干粉调配

(1)保温墙面一布一浆保护层施工后,24～48 h 内做干粉涂料。

(2)水泥砂浆墙面施工 3 d 后做干粉涂料;同时要求水泥砂浆抹面不开裂。

(3)基面若干燥应均匀撒水。

(4)干粉涂料质量配合比:干粉涂料：水＝100∶20。

(5)调配干粉涂料须有专人负责。

(6)干粉涂料加水量严格按要求调配,不许多加水,以避免造成色差。配料后要求 1 h 内用完。

(7)水为生活饮用水。

(8)将水称量后全部加入配料桶内,倒入约 3/4 干粉涂料,用手提式搅拌器(小于380转/min)充分搅拌均匀后,再倒入余下的干粉涂料,搅拌均匀,放置10～15 min后,再重新搅拌均匀,约1 min即可使用。

(9)施工干粉涂料要求平整,拉毛点均匀分布,每分隔框从左到右一次配料连续抹面拉毛;拉毛同一方向,拉毛用有机玻璃抹子。窗膀周边应使用专用干粉涂料。

4. 干粉施工

(1)干粉涂料施工应作分割线,防止接缝抹痕,影响装饰效果,分格线做法:

1)在水泥砂浆基面弹墨线,用无齿锯打出分格槽,槽宽为20 mm,深为15～20 mm,或抹水泥砂浆墙面时直接做分隔缝。

2)保温基面EPS板粘贴后用开槽器在EPS板上做出分格槽。

3)在水泥砂浆基面或保温基面施工后,按图弹线,用自粘带粘贴,抹干粉涂料,拉毛后将自粘带拆掉,干粉涂料干燥后,沿干粉涂料边缘在其上贴自粘带抹干粉涂料,拉毛后将自粘带拆掉,进行接缝处理。

(2)干粉涂料施工后24 h内不许淋雨。如下雨,应作保护措施。

(3)干粉涂料用量:小于3.0 kg/m^2。

5. 干粉贮存

干粉涂料为水泥质材料,贮存要求干燥、通风、防止淋雨、淋水。如材料受潮结块,必须彻底分散才能使用。贮存期为三个月。

【技能要点8】中(高)档平(有)光外墙涂料施工

1. 基面处理

(1)对原有建筑进行涂料涂刷时,对外饰面进行黏结强度测试,黏结强度大于或等于1.0 MPa。基面如果出现空鼓、脱层等现象,应将原有外墙饰面层清除,露出基层墙体重新抹灰,若被油污或浮灰污染需清除,满涂界面剂。

(2)基层含水率小于10%,pH值小于9.5。

(3)对基面进行全面检查,如抹刀痕迹,粗糙的拐角和边沿,露网等现象,进行修补;墙面不平,应刮补找平腻子。

2. 施工条件

(1)外墙涂料施工应在基层墙体工程验收合格后进行。

(2)外墙涂料施工前,外墙门窗框必须安装完毕并验收合格。

(3)施工现场应做到通电、通水并保持工作环境的清洁。

(4)环境温度和基层墙体表面温度均不低于 0 ℃;风力不大于 5 级。最适宜施工温度为 15 ℃～35 ℃。

(5)夏季高温时,不宜在强光直射下施工。雨天不得施工。

(6)外墙涂料施工宜采用人工脚手架,墙体不应预留孔洞及其他有碍于施工的杂物。

3. 施工准备

(1)对基面进行全面检查,如抹刀痕迹,粗糙的拐角和边沿,露网等现象,进行修补;墙面不平,应刮补找平腻子。

(2)待腻子干透后方可施工。

(3)施工时所使用工具要保持清洁干燥,施工完毕要及时清洗干净,浸入水中,以待第二天再用。

4. 施工要点

(1)涂料使用前,用电动手提搅拌器适度搅拌至稳定均匀状态,不能过度搅拌。

(2)利用墙面拐角、变形缝、分格缝、水落管背后或独立装饰线进行分区,一个分区内的墙面或一个独立墙体一次施涂完毕。

(3)同一墙应用同一批号的涂料,每遍涂料不宜施涂过厚,涂层应均匀,颜色一致。

(4)施工通常两遍成活,第一遍加水 10%～15%,第二遍加水 5%～10%。两遍主料间隔时间大于 4 h。如有露底,须在 2 h 内修补。

(5)根据墙面湿度、空气温度、主料稠稀度以及风速加水量可适度调整。

(6)应使用相同涂刷工具,涂抹的纹路要左右前后相同,颜色一致,施工涂层的墙面应有防雨,防污染措施。

（7）一种颜色涂料用一套涂刷工具，界面变动要横平竖直，不要将两种主料穿插在一起。

（8）雨后施工要检查基层含水率，含水率应小于10％，检验方法是将一块正方形的塑料布用胶带沿塑料布四周粘贴在墙面上，阳光照射1 h左右，观察塑料布上是否有水珠出现，若无水珠出现，可以施工，否则不能进行施工。

【技能要点9】九水性纯丙弹性外墙涂料施工

1. 基面处理

（1）对原有建筑进行涂料涂刷时，对外饰面进行黏结强度测试，黏结强度大于或等于1.0 MPa。基面如果出现空鼓、脱层等现象，应将原有外墙饰面层清除，露出基层墙体重新抹灰，若被油污或浮灰污染需清除，满涂界面剂。

（2）基层含水率小于10％，pH值小于9.5。

（3）对基面进行全面检查，如抹刀痕迹，粗糙的拐角和边沿，露网等现象，进行修补；墙面不平，应刮补找平腻子。

2. 施工条件

（1）外墙涂料施工应在基层墙体工程验收合格后进行。

（2）外墙涂料施工前，外墙门窗框必须安装完毕并验收合格。

（3）施工现场应做到通电、通水并保持工作环境的清洁。

（4）环境温度和基层墙体表面温度均不低于0 ℃；风力不大于5级。最适宜施工温度为15 ℃～35 ℃。

（5）夏季高温时，不宜在强光直射下施工。雨天不得施工。

（6）外墙涂料施工宜采用人工脚手架，墙体不应预留孔洞及其他有碍于施工的杂物。

3. 施工准备

（1）待腻子干透后方可施工。

（2）施工时所使用工具要保持清洁干燥，施工完毕要及时清洗干净，浸入水中，以待第二天再用。

（3）涂料使用前，用电动手提搅拌器适度搅拌至稳定均匀状态，不能过度搅拌。

4. 施工要点

(1)利用墙面拐角、变形缝、分格缝、水落管背后或独立装饰线进行分区,一个分区内的墙面或一个独立墙体一次施涂完毕。

(2)同一墙应用同一批号的涂料,每遍涂料不宜施涂过厚,涂层应均匀,颜色一致。

(3)主料施工前将基面全部涂刷一道无色底涂。用量为0.1~0.15 kg/m²。

(4)主料需二遍成活:涂刷第一遍主料时需加5%~10%的水稀释,涂刷第二遍主料时不用稀释。两遍主料间隔时间大于24 h。如有露底,须在2 h内修补。用量为0.3~0.4 kg/m²。

(5)主料施工完成后,放置24 h后,喷涂一道罩面漆。用量为0.1~0.15 kg/m²。

(6)根据墙面湿度、空气温度、主料稠稀度以及风速加水量可适度调整。

(7)应使用相同涂刷工具,涂抹的纹路要左右前后相同,颜色一致,施工涂层墙面应有防雨,防污染措施。

(8)一种颜色涂料用一套涂刷工具,界面变动要横平竖直,不要将两种主料穿插在一起。

(9)雨后施工要检查基层含水率,含水率应小于10%,检验方法是将一块正方形的塑料布用胶带沿塑料布四周粘贴在墙面上,阳光照射1 h左右,观察塑料布上是否有水珠出现,若无水珠出现,可以施工,否则不能进行施工。

【技能要点10】喷塑涂料施工

1. 喷塑建筑涂料的涂层结构

按喷塑涂料的施工特点和不同层次的作用,其涂层构造可分为三部分,即底层、中间层和面层。按使用材料分,可归为三种材料,即底油、骨架和面油,如图3—4所示。

(1)底油。

底油或称底釉、底漆,是首先涂布于墙面基层上的涂层。它渗透于基层内部,增强基层的强度,同时又对基层表面进行封闭,并

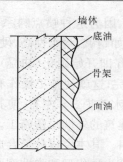

图 3—4　喷塑涂层结构示意图

消除底材表面有损于涂层附着的因素,增加骨架与基层之间的结合力。底油一般是选用抗碱性能好的合成乳液材料,其成分为乙烯—丙烯酸酯共聚乳液。作为一道封底,可以防止硬化后的水泥砂浆抹灰层可溶性盐渗出而破坏面层。

底油宜同骨架材料及面油配套使用,因为各生产厂家产品的性能各有差异,不同的面油对底油的要求有时是不相同的。目前,国内有些厂家的喷塑涂料产品,可直接喷涂于抹灰基层,而不用刷涂底漆。

(2)骨架。

骨架即喷点,是喷塑建筑涂料施工特有的一层成型层。喷点施工在底漆干燥后进行,在一般情况下,底层施工后 12 个 h,即可喷点料。目前的喷塑骨架点料,主要有两大类,一是硅酸盐类喷点料;二是合成乳液喷点料。

1)硅酸盐类喷点料。其主要成分是水泥、矿砂,通常配以增稠剂、缓凝剂等助剂。常用的配合比是白水泥:胶结剂:矿砂=1:0.2:(0.3~0.5),并加适量的水。喷小点时,可适当多加一点水,使浆液稀一些;喷大点时,浆液应适当稠一些。白水泥是胶结料,应使用 32.5 级以上的合格白水泥。胶结剂是喷点料中的增稠剂,可提高喷点与基层的黏结能力。一般是加白水泥用量的 20%,如果胶结剂加得太多,会降低骨架浆体的强度。矿砂是喷点料中的骨料,一般选用 60~80 目的矿砂。

这种喷塑骨架材料,可在施工现场自行配制。在些生产厂已将白水泥、粉状增稠剂及其他辅助用料按比例调配好,施工时只需加适量的水即可使用。因为这种喷点料系以硅酸盐为主体,所以具有一般水泥的优点,如耐碱、耐水性高,硬度大,成本低等。但由于水泥加水搅和后,2 h即开始硬化(初凝),所以须于施工时随用随配,宜在1 h之内用完,这就使施工操作有诸多不便。喷点完毕须注意养护,一般需浇水养护3 d左右,使其强度顺利增长。这种骨架材料多用于多层建筑的外墙喷塑施工。

2)合成乳液喷点料。其主要成分是合成乳液、填充料、辅助剂等。此类骨架材料又分为硬化型和弹性型两种类型。

①硬化型有单组分和双组分两种,以单组分喷点料为普遍,主要成分为丙烯酸醋聚合物。双组分的主要成分为环氧乳液与聚酰胺,其硬度、黏结和防火性能均佳。

②弹性型主要材料为丙烯酸橡胶,与水泥基层有良好的黏结性能,并富有弹性,在墙体受到一定外力的情况下,它能够保持较好的完整性。

合成乳液喷点料由工厂生产,一般是桶装,无需现场调配,施工时只是加水稀释,喷小点可加水5%～9%,喷中点可加水5%～7%,喷大点时可加水3%～5%,最多加水量不宜超过10%。这类喷塑骨架材料施工方便,与基层有良好的黏结力,并对建筑物有一定的补强作用,它能够增加喷塑饰面的耐水性和耐久性。它的固体含量较高,一般在65%～70%,其成型后,喷点柔软适度,当用胶辊将圆点压平时,花纹外形自然而圆滑,质感丰满。所以,高层建筑及高级装饰的喷塑涂料饰面,其骨架材料多是用合成乳液喷点料。

(3)面油。

面油的施工,一般不低于两遍,多是做二道滚涂。其做法有三种:

1)二道面油均是水性涂料;

2)二道面油均是油性涂料;

3)第一道面油是水性涂料,第二道面油是油性涂料。

面油施工多采用毛辊滚涂。滚涂时,第一道面漆可适当多加一些稀释剂,施工速度要快,尽量避免接槎。第二遍面油滚涂要仔细些,面油适当稠一些。第一道面油施工后 24 h 左右,方可滚涂第二道面油。

2. 材料要求

(1)底油。

喷塑施工的底油(或称底涂)是涂层与基层之间的结合层,其主要作用是对基层的封闭,可以防止水泥砂浆抹灰层中的可溶性盐的渗出而破坏装饰涂膜;同时通过底油的作用也可增强涂层与基层之间的附着力。底油所用材料一般要求抗碱性能优异,宜同喷点料面油配套使用,要注意喷塑涂料的产品说明,在一般情况下,大都选用抗碱性能好的合成乳液类的材料。如若自行选配,须注意底油品种与面油的吻合,避免产生不良反应而损坏涂层的质量。表 3—17 为近年来喷塑工程中深圳地区常用的几种底油材料及其应用情况,可供参考。有的喷塑涂料产品,涂料厂就提出不要底油,其喷点料中间层可直接喷涂于基层。因此,是否需要底涂及如何底涂,要根据设计及所用喷塑涂料品种而定。但是应该明确,底油的作用是不可忽视的,而且造价并不高,一般约占涂层总造价的 5%～7%,操作也较简单,按要求添加稀释剂,用毛辊滚涂即可。

(2)喷塑骨架材料。

对于白水泥喷点材料,应注意不得有受潮、结块现象,如果其贮存期超过三个月,须经化验合格后才可使用。白水泥、矿砂、黏结料按配比可以现场调制成喷点料,但较理想的做法是在选购底油、面油时,同时购买中间层白水泥喷点料,因为涂料厂已将各种助剂及黏结料按比例配合妥当,使用时只需加水搅拌即可。

表 3—17　喷塑施工常用底油(底漆、底胶)示例

底油种类	工程中的现场使用情况	材料消耗
北京红狮涂料公司"红狮牌"苯丙底漆、乙丙底漆(B822 封底漆)	乳白色液体,涂膜呈半透明,干燥时间为 0.5 h,复涂时间为 2 h,涂盖面积为 8～10 m²/kg,使用时可加水稀释,底涂操作时用毛辊滚涂	8～10 m²/kg

续上表

底油种类	工程中的现场使用情况	材料消耗
香港中华制漆有限公司 917 号底漆	主要成分为丙烯酸聚合树脂,表干时间为 30~40 min,复涂时间为 2 h,固体含量 11%±0.5%。使用时可用松节水稀释,以毛辊滚涂	6~12 m²/L
香港中华制漆有限公司 924 号底漆	是一种双组分的聚氨酯底漆,表干时间为 30 min,干结时间为 8 h,固体含量为 45%±2%,使用时将底漆与催硬剂以 25:1 的比例配好,再以 4:1 的比例经天那水稀释后即可涂刷	当涂膜厚度在 0.05 mm 时,其材料消耗为 9 m²/L
日本四国化研 S·K·K 底胶	每桶 24 kg,使用时 1 桶底胶加 5 桶水稀释	20 m²/kg

合成乳液喷点料的主要成分是合成乳液、矿砂及各种助剂,其中的合成乳液质量是喷塑质量的重要保证,其黏结和强度等方面均应满足使用要求,配合比要精确合理,尤其是合成乳液的用量不能减少,否则施工后遇水膨胀,涂膜容易粉化。与白水泥喷点料相比,合成乳液喷点料的造价偏高,多用于高层和超高层建筑的外墙喷塑饰面。白水泥喷点料所用材料均为普通建筑材料,而且可以自行调配,所以成本较低,但施工时较显复杂,在现场随用随配,每次配料须在 1 h 之内用完。合成乳液喷点料的性能由合成乳液的成分决定,大致是黏结性能较好,硬度较大,应用较为方便。表 3—18 列举两个厂家的合成乳液喷点料产品性能,可得知其制品应用情况。

表 3—18　合成乳液喷点料主要产品性能比较

厂家及产品	主要性能
北京红狮涂料公司"红狮牌" B883 喷点料(厚漆)	外观为白色膏状,漆膜颜色为白色 涂膜外观为平整无光,干燥时间为 24 h 复涂时间为 48 h,涂盖面积为 0.8~1.2 m²/kg

厂家及产品	主要性能
北京红狮涂料公司"红狮牌" B853喷点料(厚漆)	外观为白色粉状,漆膜颜色为白色 涂膜外观为平整无光,干燥时间为24 h 复涂时间为48 h,涂盖面积为0.7~1.0 m²/kg
香港中华制漆有限公司678号喷点漆	主要成分为丙烯酸树脂 颜色为白色,干结时间为7d(硬干) 固体含量为65%±5%

合成乳液骨架涂料应存放在通风干燥的库房内,贮存温度应在0℃以上。若发现有冻结现象,须置于室内较温暖处缓慢地恢复,检验合格后方可继续使用。使用之前需充分搅拌,以保证涂料的稠度与色泽均匀一致。喷塑黏度可根据气候和施工要求适当加水稀释,切忌与有机溶剂相混。

(3)面油。

对于喷塑施工的面油产品,应注意明确其为油性面油(漆)还是水性面油(漆),两者在施工时应采用不同类型的稀释剂,前者的稀释剂是香蕉水(天那水、倍那水),后者的稀释剂是清水。此外,须熟悉内用面油与外用面油的区别,内用漆不得用于室外墙面,而外用漆(面油)以其耐磨、可擦洗的特点有时可以用于内墙或顶棚饰面。对于双组分的油性面漆,需根据要求在现场调配,一般要求在规定的时间内用完。

3. 施工工具

喷塑施工的工具主要有滚涂用的胶辊或长毛绒压辊,喷涂用的空气压缩机、骨料搅拌器、耐压风管,以及薄钢板抹子、油漆刷等。喷塑有的喷枪为特制的喷枪,系用不锈钢或铜等金属材料制成,也有的用硬质塑料制成。喷枪的主要构造有喷嘴和料斗,其形状如图3—5所示。

4. 施工要点

(1)喷(刷涂或滚涂)底油。

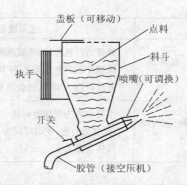

图 3—5　喷枪示意图

底油可用喷枪喷涂，也可做刷涂，也可用毛辊滚涂，目前采用滚涂和喷涂者为多。底油一般固体含量小，底油施工后的墙面不是很明显，故应注意施工接槎部位，避免漏喷漏涂。底油施工前，应对基底进行全面验收。如果底油施工与基层施工不是同一单位，应该由建设单位组织验收，对于基底存在的问题，特别是影响涂层黏结、使用安全及耐久性方面的质量问题，应采取措施解决。

（2）喷点料。

正式喷涂前应根据设计要求喷涂样板；喷涂时应试喷，如果发生糊嘴现象，可加水稀释。喷点的大小，环境温度的高低，均是影响加水量的因素。使用桶装的合成乳液喷点料，事先须用搅拌器充分搅拌，以防使用时稠度不均和沉淀。

施工时，将调好的骨架材料，用小勺装入喷枪的料斗内，扭动开关，用空气压缩机送出的风作动力，将喷点料通过喷嘴射向墙面。喷点的规格有大、中、小三档之分，根据设计要求而选用不同规格的喷嘴（喷嘴与喷枪系以螺纹连接）。喷嘴内径的大小与喷点的关系见表 3—19。

表 3—19 喷点与喷枪工作的关系

喷点规格	喷枪嘴内径（mm)	工作压力(MPa)	说明
大点	8～10	0.5	根据喷点规格,还可调节风压开关,以喷点均匀为度
中点	6～7	0.5	
小点	4～5	0.5	

对于不该喷的部位,应采取遮挡措施,如外墙的门窗,室内的吊顶与地面等处。但外墙门窗数量多,不容易全部遮盖,常用的方法是用三夹板做一个挡箭牌一类的设备,喷到哪个窗或门的附近,即用门或窗洞口那么大的挡板进行遮挡。所以,喷点料操作宜三人同时进行。一人在前面举挡板保护不该喷涂部位,中间者喷涂,后者进行压平工作,以形成流水作用。同时也便于三人轮换喷涂,因为喷涂作业的劳动强度较大。

喷点操作的移动速度要均匀,不宜忽快忽慢。其行走路线可根据施工需要由上到下或左右移动。喷枪在正常情况下其喷嘴距墙 50～60 cm 为宜,喷头与墙面呈 60°～90°夹角。如倾斜喷涂,以浆料不溢出为度。如果喷涂顶棚,可采用顶棚喷涂专用喷嘴。

（3）喷塑的压花。

喷点过后有压平与不压平之别,如果需要将喷到墙上的圆点压平,喷点后 5～10 min,便可用胶辊蘸松节水,在塑性的圆点上均匀地轻轻碾压,始终要上下方向滚动,将圆点压扁,使之成为具有立体感的压花图案。这种压花用的辊子可现场制作,用塑料管,将其两端堵住,安上手柄便可使用。这种辊子的要求是表面光滑,平整,蘸松节水的目的是增加接触面的润滑程度。圆点是否要压平,主要取决于设计。但在一般情况下大点都需要压平,使其不致突出表面太多而影响美观,将其压扁呈花瓣状即能获得较美的装饰效果。

（4）面油喷涂或滚涂。

合成乳液喷点,喷后 24 h 便可以涂面漆。如骨架喷点系采用硅酸盐类喷点料,在常温下需要 7 d 左右才可涂面油。

面油色彩应按设计要求将色浆一次性配足,以保证整个喷塑饰面的色泽均匀。如采用喷涂,宜喷两道,第一道喷水性面油,第二道喷油性面油。

(5)分格缝上色。

如果基层有分格条,面油涂饰后即行揭去,对分格缝可按设计要求的色彩重新描绘。

【技能要点 11】106 外墙饰面涂料施工

1. 基层要求

(1)基层一般要求是混凝土预制板、水泥砂浆或混合砂浆抹面、水泥石棉板、清水砖墙等。

(2)基层表面必须坚固,无酥松、脱皮、起壳、粉化等现象;基层表面的泥土、灰尘、油污、油漆、广告色等杂物脏迹,必须清除干净。

(3)基层要求含水率在 10% 以下,pH 值在 10 以下,否则会由于基层碱性太大又太湿而使涂料与基层黏结不好,颜色不匀,甚至引起剥落。墙面养护期一般为现抹砂浆墙面夏季 7 d 以上,冬季 14 d 以上;现浇混凝土墙面夏季 10 d 以上,冬季 20 d 以上。

(4)基层要求平整,但又不应太光滑。太光滑的表面对涂料黏结性能有影响;太粗糙的表面,涂料消耗量大。孔洞和不必要的沟槽应提前进行修补。修补材料可采用 108 胶加水泥(胶与水泥配合比为 20:100)和适量的水调成的腻子。

2. 刷涂

(1)工具。排笔、料桶、料勺等。

(2)操作。手工涂刷时,其涂刷方向和行程长短均应一致。如涂料干燥快,应勤沾短刷,接茬最好在分格缝处。涂刷层次一般不少于 2 道,在前一道涂层表面干后才能进行后一道涂刷。前后两次涂刷的相隔时间与施工现场的温度、湿度有密切关系,通常不少于 3 h。

3. 喷涂

(1)机具。单斗或双斗喷枪,4～8 mm 的喷嘴;装有自动压力控制器的空气压缩机;高压胶管(外径 15 mm,内径 8 mm)的料勺等。

(2)操作。在喷涂施工中,涂料稠度、空气压力、喷射距离、喷枪运行中的角度和速度等方面均有一定的要求。涂料稠度必须适中,太稠不便施工,太稀影响涂层厚度且容易流淌。空气压力在 4～8 MPa 之间选择,压力选得过低或过高,涂层质感差,涂料损耗多。喷射距离一般为 40～60 cm,喷嘴离被涂墙面过近,涂层厚薄难控制,易出现过厚或挂流等现象;喷嘴距离过远,则涂料损耗多。喷枪运行中,喷嘴中心线必须与墙面垂直,喷枪应与被涂墙面平行移动,运行速度要保持一致,快慢要适中。运行过快,涂层较薄,色泽不均;运行过慢,涂料粘附太多,容易流淌。喷涂施工要连续作业,到分格缝处再停歇。

(3)质量要求。涂层表面均匀布满粗颗粒或云母片等填料,色彩均匀一致,涂层以盖底为佳,不宜过厚,不要出现"虚喷"、"花脸"、"流挂"、"漏喷"等弊病。

4. 辊涂

(1)工具。长毛绒辊、辊面具有一定花纹的印花辊或墙壁麻面处理用辊等。

(2)操作。施工时在辊子上蘸少量涂料后,再在被滚墙面上轻缓平稳地来回滚动。辊子在滚动时,应直上直下,避免歪扭蛇行,以保证涂层厚度一致、色泽和质感一致。

辊涂操作简易、应用灵活、容易掌握,门窗等处无需遮挡,工效比刷涂高,质感比刷涂好。

5. 弹涂

(1)工具。电动彩弹机及其相应的配套和辅助器具、料桶、料勺等。

(2)操作。彩弹饰面施工的全过程,必须根据事先设计的样板色泽和涂层表面形状的要求进行。在基层表面先刷 1～2 道涂料,作为底色涂层。待底色涂层干燥后,才能进行弹涂。门窗等不必进行弹涂的部位应予遮挡。弹涂时,手提彩弹机,先调整和控制好浆门、浆量和弹棒,然后开动电机,使机口垂直对正墙面,保持适当距离(一般为 30～50 cm),按一定手势和速度,自上而下、自右至左或自左至右,循序渐进。要注意弹点密度均匀适当,上下左右接头不明显。

对于压花型彩弹,在弹涂以后,应有一人进行批刮压花。弹涂到批刮压花之间的时间间隔视施工现场的温度、湿度及花型等不同而定。压花操作用力要均匀,运动速度要适当,方向竖直不偏斜,刮板和墙面的角度宜在 15°～30°之间,要单方向批刮,不能往复操作。每批刮一次,刮板均须用棉纱擦抹,不得间隔,以防花纹模糊。大面积弹涂后,如出现局部弹点不匀或压花不合要求影响装饰效果时,应进行修补,修补方法有补弹和笔绘两种。修补所用的涂料,应采用与刷底或弹涂同一颜色的涂料。

(3)质量要求。色彩花纹应基本符合样板要求。对于仿干粘石彩弹,弹点不应有流淌;对于压花型彩弹,压花厚薄要一致,花纹及边界要清晰,接头处要协调,不污染门窗等。

6. 施工注意事项

(1)涂料在施工过程中,不能随意掺水或随意掺加颜料,也不宜在夜间灯光下施工。掺水后,涂层手感掉粉;掺颜色或在夜间施工,会使涂层色泽不均匀。

(2)在施工过程中,要尽量避免涂料污染门窗等不需涂装的部位。万一污染,务必在涂料未干时揩去。

(3)要防止有水分从涂层的背面渗透过来,如遇女儿墙、卫生间、盥洗室等,应在室内墙根处做防水封闭层。否则,外墙正面的涂层容易起粉、发花、鼓泡或被污染,严重影响装饰效果。

(4)施工所用的一切机具、用具等必须事先洗净,不得将灰尘、油垢等杂质带入涂料中。施工完毕或间断时,机具、用具应及时洗净,以备用。

(5)一个工程所需要的涂料,应选同一批号的产品,尽可能一次备足,以免由于涂料批号不同,颜色和稠度不一致而影响装饰效果。

(6)涂料在使用前要充分搅拌,使用过程中仍需不断搅拌,以防涂料厚薄不均、填料结块或色泽不一致。

(7)涂料不能冒雨进行施工,预计有雨时应停止施工。风力 4 级以上时不能进行喷涂施工。

【技能要点 12】聚氨酯仿瓷涂料施工

1. 基层要求

处理基面的腻子,一般要求用 801 胶水调制(SJ-801 建筑胶粘剂可用于粘贴瓷砖、陶瓷锦砖、墙纸等,固体含量高,游离醛少,黏结强度大,耐水、耐酸碱、无味无毒),也可采用环氧树脂,但严禁与其他油漆混合使用。对于新抹水泥砂浆面层,其常温龄期应大于 10 d;普通混凝土的常温龄期应大于 20 d。

2. 底涂要求

对于底涂的要求,各厂产品不一。有的不要求底涂,并可直接作为丙烯酸树脂、环氧树脂及聚合物水泥等中间层的罩面装饰层;有的产品则包括底涂料。以沧浪牌 R8812—61 仿瓷釉涂料为例,其底涂料与面涂料为配套供应(表 3—20),可以采用刷、滚、喷等方法进行底漆。沧洁牌冷瓷产品,也附有用作底涂的底漆,要求涂刷底漆后用腻子批平并打磨平整,然后用 TH 型面漆进行中涂。

3. 中涂施工

一般均要求用喷涂。喷涂压力应依照材料使用说明,通常为 0.3~0.4 MPa 或 0.6~0.8 MPa;喷嘴口径也应按要求选择,一般为 4 mm。根据不同品种,将其甲乙组份进行混合调制或采用配套中层材料均匀喷涂,如涂料过稠不便施工时,可加入配套溶剂或醋酸丁酯进行稀释,有的则无需加入稀释剂。

表 3—20 R8812-61 仿瓷釉涂料的分层涂装

分层涂料	材 料	用料量(kg·m⁻²)	涂装遍数
底涂料	水乳型底涂料	0.13~0.15	1
面涂料(Ⅰ)	仿瓷釉涂料(A、B色)	0.6~1.0	1
面涂料(Ⅱ)	仿瓷釉清漆	0.4~0.7	1

4. 面涂施工

一般可用喷涂、滚涂和刷涂任意选择，施涂的间隔时间视涂料品种而定，一般在 2～4 h 之间。不论采用何种品牌的仿瓷涂料，其涂装施工时的环境温度均不得低于 5 ℃，环境的相对湿度不得大于 85％。根据产品说明，面层涂装一道或二道后，应注意成品保护，通常要求保养 3～5 d。

第三节　内墙面涂装

【技能要点 1】多彩花纹内墙涂料施工

1. 材料准备

(1)底层腻子。一般用 SG821 石膏腻子，亦可用其他材料配制。

(2)底层涂料。多彩涂料专用封底剂。

(3)多彩面层涂料。面层涂料的花色品种较多，应根据装修设计要求，考虑到被装修房间的用途、大小、光线、家具的式样与色调等因素，认真加以选择。

2. 施工环境要求

(1)对涂料施工有影响的其他土建及水电安装工程均要求已施工完毕。

(2)混凝土及抹灰墙面不得有起皮、起砂、松散等缺陷，含水率须小于 10％(包括各种洞口抹平之后的含水率)。正常温度气候条件下，一般抹灰面龄期不得少于 14 d，混凝土基材龄期不得少于一个月。

(3)施工场地清洁，无损伤或污染涂料面层的隐患。否则，应有可靠的防护措施。

(4)施工环境温度应高于 5 ℃。

(5)已完工的楼(地)面、踢脚板，应预先加以覆盖；室内水、暖、电、卫设施及门窗等都需进行必要的遮挡。

(6)同一施工现场不应有明火施工。

3. 施工机具准备

(1)滚涂、刷涂施工须备有涂料滚子、毛刷、托盘、手提电动搅拌器等。

(2)喷涂施工应准备喷枪、空气压缩机(压力 0.2～0.4 MPa、排气量大于 0.15 m³/min)及料勺、木棍、氧气管、铁丝等。

(3)劳保用品包括防护眼镜、防毒口罩、手套、工作服等。

4. 施工顺序

施工顺序见表 3—21。

表 3—21　多彩花纹内墙涂料施工顺序

项次	项目	工序名称	备注
1	基层处理	清扫,填补孔洞、磨砂纸	—
2	第一遍满刮腻子	第一遍满刮腻子,磨光	—
3	第二遍满刮腻子	第二遍满刮腻子,磨光	—
4	底层涂料	满涂底层涂料	腻子干透后施工
5	第一遍中层涂料	第一遍中层涂料磨光	底层涂料施工间隔至少 4 h
6	第二遍中层涂料	第二遍中层涂料	与第一遍中层涂料间隔至少 4 h
7	多彩面层喷涂	多彩面层涂料	与第二遍中层涂料间隔至少 4 h
8	清扫	清除遮挡物,清扫飞溅物料	—

5. 施工要点

(1)先将装修表面上的灰块、浮渣等杂物用开刀铲除,如表面有油污,应用清洗剂和清水洗净,干燥后再用棕刷将表面灰尘清扫干净。

(2)表面清扫后,用水与醋酸乙烯乳胶(配合比为 10∶1)的稀释乳液将 SG821 腻子调至合适稠度,用它将墙面麻面、蜂窝、洞眼、残缺处填补好。腻子干透后，先用开刀将多余腻子铲平整，然后用粗砂纸打磨平整。

（3）满刮两遍腻子。第一遍应用胶皮刮板满刮，要求横向刮抹平整、均匀、光滑，密实平整，线角及边棱整齐为度。尽量刮薄，不得漏刮，接头不得留槎，注意不要玷污门窗框及其他部位，否则应及时清理。待第一遍腻子干透后，用粗砂纸打磨平整。注意操作要平稳，保护棱角，磨后用棕扫帚清扫干净。

第二遍满刮腻子方法同第一遍，但刮抹方向与前遍腻子相垂直。然后用细砂纸打磨平整、光滑。

（4）底层涂料施工应在干燥、清洁、牢固的基层表面上进行，喷涂或滚涂一遍，涂层需均匀，不得漏涂。

（5）涂刷第一遍中层涂料。涂料在使用前应用手提电动搅拌枪充分搅拌均匀。如稠度较大，可适当加清水稀释，但每次加水量须一致，不得稀稠不一。然后将涂料倒入托盘，用涂料滚子醮料涂刷第一遍。滚子应横向涂刷，然后再纵向滚压，将涂料赶开、涂平。滚涂顺序一般为从上到下，从左到右，先远后近，先边角、棱角、小面后大面。要求厚薄均匀，防止涂料过多流坠。滚子涂不到的阴角处，需用毛刷补齐，不得漏涂。要随时剔除沾在墙上的滚子毛。一面墙要一气呵成，避免接槎刷迹重叠现象，玷污到其他部位的涂料要及时用清水擦净。第一遍中层涂料施工后，一般需干燥 4 h 以上，才能进行下一道磨光工序。如遇天气潮湿，应适当延长间隔时间。然后，用细砂纸进行打磨，打磨时用力要轻而匀，且不得磨穿涂层。磨后将表面清扫干净。

（6）第二遍中层涂料涂刷与第一遍相同，但不再磨光。涂刷后，应达到一般乳胶漆高级刷浆的要求。

（7）多彩面层喷涂。

1）由于基层材质、龄期、碱性、干燥程度不同，应预先在局部墙面上进行试喷，以确定基层与涂料的相容情况，同时确定合适的涂布量。

多彩涂料在使用前要充分摇动容器，使其充分混合均匀，然后打开容器,用木棍充分搅拌。注意不可使用电动搅拌枪,以免破坏多彩颗粒。

温度较低时,可在搅拌情况下,用温水加热涂料容器外部。但任何情况下都不可用水或有机溶剂稀释多彩涂料。

2)喷涂时,喷嘴应始终保持与装饰表面垂直(尤其在阴角处),距离约为 0.3~0.5 m(根据装修面大小调整),喷嘴压力为 0.2~0.3 MPa,喷枪呈 Z 字形向前推进,横纵交叉进行,如图 3—6 所示。喷枪移动要平稳,涂布量要一致,不得时停时移,跳跃前进,以免发生堆料、流挂或漏喷现象。

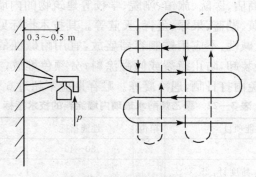

图 3—6　多彩涂料喷涂方法

为提高喷涂效率和质量,喷涂顺序应为:墙面部位→柱面部位→顶面部位→门窗部位,该顺序应灵活掌握,以不增加重复遮挡和不影响已完成的饰面为准。

飞溅到其他部位上的涂料应用棉纱随时清理。

3)喷涂完成后,应用清水将料罐洗净,然后灌上清水喷水,直到喷出的完全是清水为止。用水冲洗不掉的涂料,可用棉纱蘸丙酮清洗。

现场遮挡物可在喷涂完成后立即清除,注意不要破坏未干的涂层。遮挡物与装饰面连为一体时,要注意撤离方向,已趋于干燥的漆膜,应用小刀在遮挡物与装饰面之间划开,以免将装饰面破坏。

6. 其他注意事项

气候条件对本涂料施工有一定影响,应避免雨天和高湿度气候条件下施工,并根据不同的气候条件确定涂刷间隔,否则不能达到期望的黏结性能以及优雅的光泽和耐久性。

【技能要点 2】聚乙烯醇水玻璃内墙涂料施工

这种涂料无毒、无味,能在稍潮湿的墙面上(混凝土、水泥砂浆、纸筋石灰面、石棉水泥板、石膏灰板等)施工,与墙面有一定的黏结力。涂层干燥快,表面光洁平滑,能形成一层类似无光漆的平光涂膜,具有一定的装饰效果。聚乙烯醇水玻璃内墙涂料一般适用于住宅、商店、医院、旅馆、剧院、学校等建筑物的内墙装饰,品种有奶白、奶黄、湖蓝、果绿、蛋青、天蓝等。其技术指标见表 3—22。

涂料呈碱性,不应用铁制容器盛放,宜用耐碱性的塑料桶装;运输时要轻装卸,防止撞裂或倾翻涂料;分颜色堆放,并尽可能放在室内,以免雨打日晒,遇冷凝冻。贮存期应不超过 6 个月。

表 3—22　聚乙烯醇水玻璃内墙涂料的技术指标

性能项目	单位	性能指标	备注
固体含量	%	30~40	—
黏度(涂 4 黏度计,25 ℃±1 ℃)	s	30~60	—
细度(刮板法)	μm	≤80	—
表面干燥时间(25 ℃,湿度小于 75%)	h	≤1	
附着力(划格法 1 m×1 m)	%	100	水泥砂浆板或石棉水泥板
耐水性(25 ℃浸 24 h)	—	无剥落、起泡、皱皮等现象	试件为玻璃板
耐热性(80 ℃±2 ℃,5 h)	—	无发黏、开裂等现象	—

续上表

性能项目	单位	性能指标	备注
耐洗刷性	—	重压 200 g 湿绸布揩 20 次,稍有掉粉	试件为玻璃板
紫外光照射(20 h)	—	无起壳、变色稍有起粉	—
漆膜情况	—	平整无光	—
涂刷性能	—	无刷痕、稍有小气泡	—
沉淀分层情况	—	24 h,沉淀 5 mm	100 mL 量筒中静放观察

1. 基层要求

聚乙烯醇水玻璃内墙涂料能在稍潮湿的墙面上涂刷(即墙面的粉刷能在批嵌后 24 h 内结硬,并能进行砂皮打磨的),但不能在太潮湿的墙面上涂刷,否则会造成涂层迟干,遮盖力差,结膜后的涂层出现渍纹,色泽不一致。

2. 基层处理

涂刷聚乙烯醇水玻璃涂料前,墙面基层应做好处理。

(1)对大模混凝土墙面,虽较平整,但存有水气泡孔,必须进行批嵌,或采用 1∶3∶8(水泥∶纸筋∶珍珠岩砂)珍珠岩砂浆抹面。

(2)对砌块和砖砌墙面用 1∶3(石灰膏∶黄砂)刮批,上粉纸筋灰面层,如有龟裂,应满批后方得涂刷。

(3)对旧墙面,应清除浮灰,保持光洁。表面若有高低不平、小洞或缺陷处,要进行批嵌后再涂刷,以使整个墙面平整,确保涂料色泽一致,光洁平滑。批嵌用的腻子,一般采用羟甲基纤维素水为 5∶95,隔夜溶解成水溶液(简称化学浆糊),再加老粉调和后批嵌。在喷刷过大白浆或干墙粉墙面上涂刷时,应先铲除干净(必要时要进行一度批嵌)后,方可涂刷,以免产生起壳、翘度等缺陷。

3. 拌匀涂料

涂料施工温度最好在 10 ℃以上,由于涂料易沉淀分层,使用时必须将沉淀在桶底的填料用棒充分搅拌均匀,方可涂刷,否则会造成桶内上面料稀薄,色料上浮,遮盖力差,下面料稠厚,填料沉淀,色淡易起粉。

4. 涂料黏度

涂料的黏度随温度变化而变化,天冷黏度增加。在冬期施工若发现涂料有凝冻现象,可适当进行水溶加温到凝冻完全消失后,再进行施工。若 106 内墙涂料确因蒸发后变稠的,施工时不易涂刷,切勿单一加水,可采用胶结料(乙烯—醋酸乙烯共聚乳液):温水按 1∶1 调匀后,适量加入涂料内以改善其可涂性,并作小块试验,检验其黏结力、遮盖力和结膜强度。

5. 涂料色彩要求

施工用的涂料,其色彩应完全一致,施工时应认真检查,发现涂料颜色有深淡,应分别堆放。如果使用两种不同颜色的剩余涂料时,需充分搅拌均匀后,在同一房间内进行涂刷。

6. 排笔或漆刷

气温高,涂料黏度小,容易涂刷,可用排笔;气温低,涂料黏度大,不易涂刷,用料要增加,宜用漆刷;也可第一遍用漆刷,第二遍用排笔,使涂层厚薄均匀,色泽一致。操作时用的盛料桶宜用木制或塑料制品,盛料前和用完后,连同漆刷、排笔用清水洗干净,妥善存放。漆刷、排笔亦可浸水存放,切忌接触油剂类材料,以免涂料涂刷时油缩、结膜后出现水渍纹,涂料结膜后,不能用湿布重揩。

【技能要点 3】普通内墙乳胶涂料施工

1. 基面处理

(1)对原有建筑进行涂料涂刷时,对外饰面进行黏结强度测试,黏结强度大于或等于 1.0 MPa。基面如果出现空鼓、脱层等现象,应将原有外墙饰面层清除,露出基层墙体重新抹灰,若被油污或浮灰污染需清除,满涂界面剂。

(2)基层含水率小于 10%,pH 值小于 9.5。

(3) 对基面进行全面检查,如有抹刀痕迹、粗糙的拐角和边沿、露网等现象,应进行修补;墙面不平,应刮补找平腻子。

(4)将混凝土或水泥混合砂浆抹灰面表面上的灰尘、污垢、溅沫和砂浆流痕等清除干净。同时将基层缺棱掉角处,用1:3水泥砂浆修补好;表面麻面及缝隙应用聚醋酸乙烯乳液∶水泥∶水为1∶5∶1调合成的腻子填补齐平,并用同样配合比的腻子进行局部刮腻子,待腻子干后,用砂纸磨平。

2. 施工工序

普通内墙乳胶涂料施工工序见表3—23。

表3—23 普通内墙乳胶涂料施工工序

项次	项目	工序名称	备注
1	基层处理	基层清扫 填补孔洞,局部刮腻子 磨光	—
2	第一遍满刮腻子	第一遍满刮腻子 磨光	—
3	第二遍满刮腻子	第二遍满刮腻子 磨光	—
4	第一遍涂料	第一遍涂料 磨光	腻子干透后施工
5	第二遍涂料	第二遍涂料	间隔至少4 h

3. 施工准备

(1)根据设计要求、基层情况、施工环境和季节,选择、购买建筑涂料及其他配套材料。

(2)混凝土和墙面抹混合砂浆以上的灰已完成,且经过干燥,其含水率应符合下列要求:

1)表面施涂溶剂型涂料时,含水率不得大于8%;

2)表面施涂水性和浮液涂料时,含水率不得大于10%。

(3)水电及设备、顶墙上预留、预埋件已完成。

(4)门窗安装已完成并已施涂一遍底子油(干性油、防锈涂料),如采用机械喷涂涂料时,应将不喷涂的部位遮盖,以防污染。

(5)水性和乳液涂料施涂时的环境温度,应按产品说明书的温度控制。冬期室内施涂涂料时,应在采暖条件下进行,室温应保持均衡,不得突然变化。

(6)施涂前应将基体或基层的缺棱掉角处,用1∶3水泥砂浆(或聚合物水泥砂浆)修补;表面麻面及缝隙应用腻子填补齐平(外墙、厨房、浴室及厕所等需要使用涂料的部位,应使用具有耐水性能的腻子)。

(7)对施工人员进行技术交底时,应强调技术措施和质量要求。大面积施工前应先做样板,经质检部门鉴定合格后,方可组织班组施工。

4. 分格缝

首先根据设计要求进行吊垂直、套方、找规矩、弹分格缝。此项工作必须严格按标高控制好,必须保证建筑物四周要交圈,还要考虑外墙涂料工程分段进行时,应有分格缝。墙的阴角处或水落管等为分界线和施工缝,垂直分格缝则必须进行吊直,千万不能用尺量,否则差3 mm亦会很明显,缝格必须是平直、光滑、粗细一致的。

5. 施工要点

(1)刷涂:涂刷方向、距离应一致,接槎应在分格缝处。如所用涂料干燥较快时,应缩短刷距。刷涂一般不少于两道,应在前一道涂料表干后再刷下一道。两道涂料的间隔时间一般为2~4 h。

(2)喷涂:喷涂施工应根据所用涂料的品种、黏度、稠度、最大粒径等,确定喷涂机具的种类、喷嘴口径、喷涂压力、与基层之间的距离等。一般要求喷枪运行时,喷嘴中心线必须与墙面垂直,喷枪与墙面有规则地平行移动,运行速度应保持一致。涂层的接槎应留在分格缝处。门窗以及不喷涂料的部位,应认真遮挡。喷涂操作一般应连续进行,一次成活。

(3)滚涂:滚涂操作应根据涂料的品种、要求的花饰确定辊子的种类。操作时在辊于上蘸少量涂料后,在预涂墙面上上下垂直来回滚动,应避免扭曲蛇行。

(4)弹涂:先在基层刷涂 1～2 道底色涂层,待其干燥后进行弹涂。弹涂时,弹涂器的机口应垂直、对正墙面,距离保持 30～50 cm,按一定速度自上而下、由左向右弹涂。选用压花型弹涂时,应适时将彩点压平。

(5)复层涂料:这是由底层涂料、主涂层、面层涂料组成的涂层。底层涂料可采用喷、滚、刷涂的任一方法施工。主涂层用喷斗喷涂,喷涂花点的大小、疏密根据需要确定。花点如需压平时,则应在喷点后适时用塑料或橡胶辊蘸汽油或二甲苯压平。主涂层干燥后,即可涂饰面层涂料。面层涂料一般涂两道,其时间间隔为 2 h左右。

复层涂料的三个涂层可以采用同一材质的涂料,也可由不同材质的涂料组成。例如,主涂层除可用合成树脂乳液涂料、硅溶胶涂料外,也可采用取材方便、价格低廉的聚合物水泥砂浆喷涂。面层涂料也可根据对光泽度的不同要求,分别选用水性涂料或溶剂型涂料。有时还可以根据需要增加一道罩光涂料。

(6)修整:涂料修整工作很重要,其修整的主要形式有两种,一种是随施工随修整,它贯穿于班前班后和每完成一分格块或一步架子;另一种是整个分部、分项工程完成后,应组织进行全面检查,如发现有“漏涂”、“透底”、“流坠”等弊病,应立即修整和处理。

6. 涂刷涂料

施工时涂层涂膜不宜过厚或过薄。过厚时易流坠起皱,影响干燥;过薄则不能发挥涂料的作用。一般以充分盖底,不透虚影,表面均匀为宜。涂刷遍数一般为两遍,必要时可适当增加涂刷遍数。涂刷工艺与多彩涂料相同。

7. 质量要求

(1)涂料应符合设计要求,漆膜牢固。

(2)涂料表面质量应符合表 3—24 的规定。

表 3—24　普通内墙乳胶涂料施工质量要求

项次	项 目	质量要求
1	掉粉、起皮	不允许
2	漏刷、透底	不允许
3	返碱、咬底	允许轻微少量
4	流坠、疙瘩	允许轻微少量
5	颜色、刷纹	颜色一致,允许有轻微少量砂眼,刷纹通顺
6	装饰线、分色线平直(拉 5 m 线检查,不足 5 m 拉通线检查)	偏差不大于 2 mm
7	门窗、灯具等非刷涂部位	洁净

【技能要点 4】"幻彩"涂料复层施工

1. 基层处理

基层必须坚实、平整、干燥、洁净。如果是在旧墙面上做幻彩涂料装饰施工,可视墙面的条件区别处理。

(1)旧墙面为油性涂料时,可用细砂布打磨旧涂膜表面,最后清除浮灰和油污等。

(2)旧墙面为乳液型涂料时,应检查墙面有无疏松和起皮脱落处,全面清除污灰油污等并用双飞粉和胶水调成腻子修补墙面。

(3)旧墙面多裂纹和凹坑时,用白乳胶,再加双飞粉和白水泥调成腻子补平缺陷,干燥后再满批一层腻子抹平基面。

2. 底、中涂施工

待基面处理完毕并干燥后,即可进行幻彩涂料的底、中涂料施工。底涂可用刷子刷涂或用胶辊滚涂,一般是一遍成活,但应注意涂层均匀,不要漏涂。中涂为彩色涂料,可刷涂也可辊涂,一般为两遍成活,第一遍用 40%～50%的用水量比例稀释中涂料;第二遍用 30%～40%的用水量比例稀释中涂料。中涂料涂层干燥后再用底涂料在中涂面上涂刷一遍。

3. 面涂施工

(1)手工做面涂施工。

首先用刷子或胶辊在约 1 m² 的墙面上均匀地涂上幻彩面涂料;根据需要选择一种工具(刷子、刮板、橡胶或尼龙辊及自制扎把等)在已刷上面涂料的墙面上进行有规律地涂抹,涂抹纹路要互相交错,着力轻柔均匀,可以按 1 m² 为一个单元,涂刷出一种形式的纹理图案,而后再涂刷另一个单元相同效果的花纹,以此类推直至完成整个幻彩涂料装饰面。

(2)采用喷枪喷涂做面涂施工采用喷涂进行幻彩涂料的面涂时,需使用其专用喷枪,喷嘴为 $\phi 2.5$ mm,空气压力泵输出压力调到 2 Pa。用 10%～20% 的水稀释面涂料后加入喷枪料斗中。喷涂时,喷嘴距墙面 600～800 mm,先水平方向均匀喷涂一遍,再垂直方向均匀喷涂一遍。如果需要多种色彩,可在第一遍喷涂未干之时即喷一道另一种颜色的面涂料,使饰面形成多彩的迷幻效果。

【技能要点 5】高档乳胶漆施工

1. 基面处理

(1)对原有建筑进行涂料涂刷时,对外饰面进行黏结强度测试,黏结强度大于或等于 1.0 MPa。基面如果出现空鼓、脱层等现象,应将原有外墙饰面层清除,露出基层墙体重新抹灰,若被油污或浮灰污染需清除,满涂界面剂。

(2)基层含水率小于 10%,pH 值小于 9.5。

(3)对基面进行全面检查,如抹刀痕迹,粗糙的拐角和边沿,露网等现象,进行修补;墙面不平,应刮补找平腻子。

(4)将混凝土或水泥混合砂浆抹灰面表面上的灰尘、污垢、溅沫和砂浆流痕等清除干净。同时将基层缺棱掉角处,用 1∶3 水泥砂浆修补好;表面麻面及缝隙应用聚醋酸乙烯乳液∶水泥∶水为 1∶5∶1 调合成的腻子填补齐平,并用同样配合比的腻子进行局部刮腻子,待腻子干后,用砂纸磨平。

2. 施工工序

高档乳胶漆施工工序见表 3—25。

表 3—25 高档乳胶漆施工工序

项次	阶 段	工序名称	备 注
1	基层处理	清扫 填补孔洞,磨平	—
2	第一遍满刮腻子	第一遍满刮腻子 磨光	—
3	第二遍满刮腻子	第二遍满刮腻子 磨光	—
4	封底漆	满涂封底漆	腻子干透后施工
5	第一遍乳胶漆	第一遍乳胶漆 磨光	封底漆至少 4 h 后施工
6	第二遍乳胶漆	第二遍乳胶漆	间隔 6～8 h 后施工
7	清扫	清除遮挡物,清扫飞溅涂料	—

3. 施工准备

(1)根据设计要求、基层情况、施工环境和季节,选择、购买建筑涂料及其他配套材料。

(2)混凝土和墙面抹混合砂浆以上的灰已完成,且经过干燥,其含水率应符合下列要求:

1)表面施涂溶剂型涂料时,含水率不得大于 8%;

2)表面施涂水性和浮液涂料时,含水率不得大于 10%。

(3)水电及设备、顶墙上预留、预埋件已完成。

(4)门窗安装已完成并已施涂一遍底子油(干性油、防锈涂料),如采用机械喷涂涂料时,应将不喷涂的部位遮盖,以防污染。

(5)水性和乳液涂料施涂时的环境温度,应按产品说明书的温度控制。冬期室内施涂涂料时,应在采暖条件下进行,室温应保持均衡,不得突然变化。

(6)施涂前应将基体或基层的缺棱掉角处,用 1:3 水泥砂浆(或聚合物水泥砂浆)修补;表面麻面及缝隙应用腻子填补齐平(外墙、厨房、浴室及厕所等需要使用涂料的部位,应使用具有耐水性能的腻子)。

(7)对施工人员进行技术交底时,应强调技术措施和质量要求。大面积施工前应先做样板,经质检部门鉴定合格后,方可组织班组施工。

4. 分格缝

首先根据设计要求进行吊垂直、套方、找规矩、弹分格缝。此项工作必须严格按标高控制好,必须保证建筑物四周要交圈,还要考虑外墙涂料工程分段进行时,应以分格缝。墙的阴角处或水落管等为分界线和施工缝,垂直分格缝则必须进行吊直,千万不能用尺量,否则差 3 mm 亦会很明显,缝格必须是平直、光滑、粗细一致。

5. 乳胶漆滚涂施工

(1)高档乳胶漆一般是浓缩型,因而施工时应进行稀释处理。第一遍应稍稀,加水量根据生产厂家要求而定,然后将涂料倒入托盘,用涂料滚子蘸料涂刷。为了避免流挂,应少沾、勤沾。滚涂方法与多彩涂料相同。第一遍施工完后,一般需干燥 6 h 以上,才能进行下一道工序(磨光)。

(2)磨光。与多彩涂料相同。

(3)第二遍乳胶漆应比第一遍稠,具体掺水量根据生产厂家要求而定,施工方法与第一遍相同,若遮盖差,则需打磨后再涂刷一遍。

6. 涂料喷涂施工

(1)高档乳胶漆采用喷涂施工,效果更好。

(2)喷涂时,乳胶漆需用清水调至合适黏度,具体加水量可根据生产厂家要求而定,采用 1 号喷枪,喷涂压力可调至 0.3～0.5 MPa,喷嘴与饰面成 90°角,距离控制在 40～50 cm 为宜,喷出的涂料成浓雾状。喷涂要均匀,不可漏喷,不宜过厚,一般以喷涂二遍为宜。

(3)喷涂顺序与多彩喷涂相同。该顺序可灵活掌握,以提高施工效率和保证施工质量为准。

（4）施工后，立即用清水洗净辊子及毛刷。喷枪要先清洗其表面，然后灌清水喷水，直到喷出清水为止。洗不掉的乳胶漆可用热水泡洗或用棉丝蘸丙酮擦洗。

【技能要点6】薄抹复层涂料施工

薄抹复层涂料，系采用抹制的工艺，如同抹水泥砂浆，使之在墙面形成约1 mm左右的涂层。

国产薄抹材料的代表产品为金壁粒状薄抹内墙涂料，是由合成树脂乳液与人工着色砂、带金属光泽的填料及各种助剂混合组成。涂层黏结强度优异，耐碱耐刷洗，装饰效果富有质感，其涂料颗粒带有金属光泽，色彩多样，并具较好的吸声功能。其技术指标见表3—26。

薄抹复层涂料的施工要点：

基层表面应平整光洁。若有不平整现象，应以腻子修补。基层应干燥，潮湿基层不能施工。基层表面不得松软，必须具备一定的强度。

表3—26　金壁粒状薄抹内墙涂料的技术指标

项 目	指 标
低温稳定性（6个循环）	无结块、分离、凝聚现象
初期干燥抗裂性（风吹6 h）	无裂缝
耐冲击性	无开裂、明显变形和剥落现象
黏结强度/（标准状态，N/cm²）	＞30.0
耐洗刷性（300次）	无剥落、露底现象
耐碱性（24 h）	无开裂、起鼓现象
耐污染性/%	＜15

采用彩色陶土片为主料的进口薄抹材料，在使之前应先将黏结材料（多为乳液）倒水清水中，黏结料与水的质量配合比为每100 g胶粘剂兑水3 L，搅拌均匀后再将碎片主料掺入，再拌合均匀，静置15 min后即可用铁抹子进行薄抹施工。须注意涂料的搅拌，应使用棒或小铲之类的器具做手工操作，不得采用搅拌机。所配

制的薄抹材料需在 4 h 左右用完,超过一定时限后其碎片的塑性
状态会受影响,表面开始硬结。对于浆体的稠度可以适当控制,结
合基体条件和环境气候条件,可适当增减用水量,以能够顺利操作
并保证涂层质量为前提。施工时的气温应在 5 ℃以上,如在寒冷
的条件下操作,会使塑体受冻而失去黏结力。薄抹涂层涂抹后,在
常温下需待 2 d 左右才可完全干燥。在其干燥的饰面涂层上,再
罩一层透明的疏水防尘剂,可喷涂,也可用毛辊或毛刷进行滚涂和
刷涂。涂刷要均匀,避免产生气泡和针眼,一道需罩面涂刷 1～2
遍,完活后立即用清水洗手和清洗工具。

　　薄抹复层涂料施于外墙时,可以进行分格,分格缝一般是在薄
抹之前做完。可以在基层表面锯割出沟槽,也可以在薄抹时加设
木分格条,待涂膜干燥后再将其取出。

第四节　木制品涂装

【技能要点 1】木器漆品种与工艺

　1. 木器油漆的品种

　　(1)硝基清漆。硝基清漆是一种由硝化棉、醇酸树脂、增塑剂
及有机溶剂制而成的透明漆,属挥发性油漆,具有干燥快、光泽柔
和等特点。硝基清漆分为亮光、半哑光和哑光三种,可根据需要选
用。硝基漆也有其缺点:高湿天气易泛白、丰满度低,硬度低。

　　(2)手扫漆。一硝基清漆同属于硝基漆,它是由硝化棉、各种
合成树脂、颜料及有机溶剂调制而成的一种非透明漆。此漆专为
人工施工而配制,更具有快干特征。

　　(3)硝基漆的主要辅助剂包括:

　　1)天那水。它是由酯、醇、苯、酮类等有机溶剂混合而成的一
咱具有香蕉气味的无色透明液体,主要起调和硝基漆及固化作用。

　　2)化白水。也叫防白水,学名为乙二醇单丁醚。在潮湿天气
施工时,漆膜会有发白现象,适当加入稀释剂量 10%～15%的硝
基磁化白水即可消除。

　　(4)聚酯漆。它是用聚酯树脂为主要成膜物制成的一种厚质

漆。聚酯漆的漆膜丰满,层厚面硬。聚酯漆同样也有清漆品种,叫聚酯清漆。

聚酯漆在施工过程中需要进行固化,这些固化剂的份量占油漆总分量的 1/3。这些固化剂也称为硬化剂,其主要成分是 TDI(甲苯二异氰酸酯)。这些处于游离状态的 TDI 会变黄,不但使家私漆面变典,而且会使邻近的墙面变黄,这是聚酯漆的一大缺点。目前市面上已经出现了耐黄变聚酯漆,但也只能做到"耐黄"。还不能完全防止变典。另外,超出标准的游离 TDI 还会对人体造成伤害。

(5)聚氨酯漆。聚氨酯漆即聚氨基甲酸漆。它漆膜强韧,光泽丰满,附着力强,耐水、耐磨、耐腐蚀,被广泛用于高级木器家具,也可用于金属表面。其缺点主要有遇潮起泡、漆膜粉化等;与聚酯漆一样,也存在着变黄的问题。聚氨酯漆的清漆品种称为聚氨酯清漆。

2. 施工工艺

(1)清漆施工工艺。

清理木器表面→磨砂纸打光→上润泊粉→打磨砂纸→满刮第一遍腻子、砂纸磨光→满刮第二遍腻子、细砂纸磨光→涂刷油色→刷第一遍清漆→拼找颜色、复补腻子、细砂纸磨光→刷第二遍清漆、细砂纸磨光→刷第三遍清漆、磨光→水砂纸打磨退光、打蜡、擦亮。

(2)混色油漆施工工艺。

清扫基层表面的灰尘、修补基层→用磨砂纸打平 →节疤处打漆片→打底刮腻子→涂干性油→第一遍满刮腻子→磨光→涂刷底层涂料→底层涂料干硬→涂刷面层→复补腻子进行修补→磨光擦净第三遍面漆涂刷第二遍涂料→磨光→第三遍面漆→抛光打蜡。

【技能要点 2】木料表面清漆涂料施涂

1. 主要机具

主要机具包括:油刷、开刀、牛角板、油画笔、掏子、毛笔、砂纸、砂布、擦布、腻子板、钢皮刮板、橡皮刮板、小油桶、半截大桶、水桶、油勺、棉丝、麻丝、竹签、小色碟、高凳、脚手板、安全带、手锤子和小扫帚等。

2. 作业条件

(1)施工温度宜保持平衡,不得突然变化,且通风良好。湿作业已完并具备一定的强度,环境比较干燥。一般涂饰工程施工时的环境温度不宜低于 10 ℃,相对湿度不宜大于 60%。

(2) 在室内高于 3.6 m 处作业时,应事先搭设好脚手架,并以不妨碍操作为准。

(3)大面积施工前应事先做样板间,经有关质量部门检查鉴定合格后方可进行大面积施工。

(4)操作前应认真进行交接检查工作,并对遗留问题进行妥善处理。

(5)木基层含水率一般不宜大于 12%。

3. 工艺流程

基层处理→润色油粉→满刮油腻子→刷油色→刷第一遍清漆(刷清漆、修补腻子、修色、磨砂纸)→安装玻璃→刷第二遍清漆→刷第三遍清漆。

4. 施工要点

(1) 基层处理:首先将木门窗和木料表面基层面上的灰尘、油污、斑点、胶迹等用刮刀或碎玻璃片刮除干净。注意不要刮出毛刺,也不要刮破抹灰墙面。然后用 1 号以上砂纸顺木纹打磨,先磨线角,后磨四口平面,直到光滑为止。木门窗基层有小块活翘皮时,可用小刀撕掉。重皮的地方应用小钉子钉牢固,如重皮较大或有烤糊印疤,应由木工修补。

(2)润色油粉:用质量配合比为大白粉∶松香水∶熟桐油为 12∶8∶1 等混合搅拌成色油粉(颜色同样板颜色),盛在小油桶内。用棉丝蘸油粉反复涂于木料表面,擦进木料鬃眼内,而后用麻布或木丝擦净,线角应用竹片除去余粉。注意墙面及五金上不得沾染油粉。待油粉干后,用 1 号砂纸轻轻顺木纹打磨,先磨线角、裁口,后磨四口平面,直到光滑为止。注意保护棱角,不要将鬃眼内油粉磨掉。磨完后用潮布将磨下的粉末、灰尘擦净。

(3)满刮油腻子:抹腻子的质量配合比为石膏粉∶熟桐油∶水为20∶7∶50,并加颜料调成油色腻子(颜色浅于样板1～2色),要注意腻子油性不可过大或过小,如油性大,刷时不易浸入木质内,如油性小,则易钻入木质内,这样刷的油色不易均匀,颜色不能一致。用开刀或牛角板将腻子刮入钉孔、裂纹、鬃眼内。刮抹时要横抹竖起,如遇接缝或节疤较大时,应用开刀、牛角板将腻子挤入缝内,然后抹平。腻子一定要刮光,不留野腻子。待腻子干透后,用1号砂纸轻轻顺木纹打磨,先磨线角、裁口,后磨四口平面,注意保护棱角,来回打磨至光滑为止。磨完后用湿布将磨下的粉末擦净。

(4)刷油色:先将铅油(或调合漆)、汽油、光油、清油等混合在一起过箩(颜色同样板颜色),然后倒在小油桶内,使用时经常搅拌,以免沉淀造成颜色不一致。刷油色时,应从外至内,从左至右,从上至下进行,顺着木纹涂刷。刷门窗框时不得污染墙面,刷到接头处要轻飘,达到颜色一致;因油色干燥较快,所以刷油色时动作应敏捷,要求无缕无节,横平竖直,刷油过刷子要轻飘,避免出刷络。刷木窗时,刷好框子上部后再刷亮子;亮子全部刷完后,将梃钩勾住,再刷窗扇;如为双扇窗,应先刷左扇后刷右扇;三扇窗最后刷中间扇;纱窗扇先刷外面后刷里面。刷木门时,先刷亮子后刷门框、门扇背面,刷完后用木楔将门扇固定,最后刷门扇正面;全部刷好后,检查是否有漏刷,小五金上沾染的油色要及时擦净。油色涂刷后,要求与木材色泽一致,而又不盖住木纹,所以每一个刷面一定要一次刷好,不留接头,两个刷面交接棱口不要互相沾油,沾油后要及时擦掉,达到颜色一致。

(5)刷第一遍清漆。

1)刷清漆:刷法与刷油色相同,但刷第一遍用的清漆应略加一些稀料便于快干。因清漆黏性较大,最好使用已用出刷口的旧刷子,刷时要注意不流、不坠、涂刷均匀。待清漆完全干透后,用1号或旧砂纸彻底打磨一遍,将头遍清漆面上的光亮基本打磨掉,再用潮布将粉尘擦净。

2）修补腻子：一般要求刷油色后不抹腻子，特殊情况下，可以使用油性略大的带色石膏腻子，修补残缺不全之处，操作时必须使用牛角板刮抹，不得损伤漆膜，腻子要收刮干净，光滑无腻子疤（有腻子疤必须点漆片处理）。

3）修色：木料表面上的黑斑、节疤、腻子疤和材色不一致处，应用漆片、酒精加色调配（颜色同样板颜色），或用由浅到深的清漆调合漆和稀释剂调配，进行修色；材色深的应修浅，浅的提深，将深浅色的木料拼成一色，并绘出木纹。

4）磨砂纸：使用细砂纸轻轻往返打磨，然后用湿布擦净粉末。

（6）刷第二遍清漆：应使用原桶清漆不加稀释剂（冬季可略加催干剂），刷油操作同前，但刷油动作要敏捷、多刷多理，漆涂刷得饱满一致，不流不坠，光亮均匀，刷完后再仔细检查一遍，有毛病要及时纠正。刷此遍清漆时，周围环境要整洁，宜暂时禁止通行，最后将木门窗用梃钩钩住或用木楔固定牢固。

（7）刷第三遍清漆：待第二遍清漆干透后，首先要进行磨光，然后过水布，最后刷第三遍清漆，刷法同前。

（8）冬期施工：室内涂饰工程，应在采暖条件下进行，室温保持均衡，一般油漆施工的环境温度不宜低于 10 ℃，相对湿度不宜大于 60％，不得有突然变化。同时应设专人负责测温和开关门窗，以利通风排除湿气。

5. 施工注意事项

（1）高空作业超过 2 m 时应按规定搭设脚手架。施工前要进行检查是否牢固。使用的人字梯应四角落地，摆放平稳梯脚应设防滑橡皮垫和保险链。人字梯上铺设脚手板，脚手板两端搭设长度不得少于 20 cm，脚手板中间不得同时两人操作。梯子挪动时，作业人员必须下来，严禁站在梯子上踩高跷式挪动，人字梯顶部铰轴不准站人，不准铺设脚手板。人字梯应当经常检查，发现开裂、腐朽、楔头松动、缺档等，不得使用。

（2）施工现场严禁设油漆材料仓库，场外的油漆仓库应有足够的消防设施。

(3)施工现场应有严禁烟火的安全措施,现场应设专职安全员监督确保施工现场无明火。

(4)每天收工后应尽量不剩油漆材料,剩余油漆不准乱倒,应收集后集中处理。废弃物(如废油桶、油刷、棉纱等)按环保要求分类处置。

(5)施工现场周边应根据噪声敏感区域的不同,选择低噪声设备或其他措施,同时应按国家有关规定控制施工作业时间。

(6)涂刷作业时操作工人应配戴相应的保护设施,如防毒面具、口罩、手套等。以免危害工人肺、皮肤等。

(7)油漆使用后,应及时封闭存放,废料应及时清出室内,施工时室内应保持良好通风,但不宜过堂风。

(8)民用建筑工程室内装修中,进行饰面人造木板拼接施工时,除芯板为 A 类外,应对其断面及无饰面部位进行密封处理(如采用环保胶类腻子等)。

6. 成品保护

(1)每遍油漆前,都应将地面、窗台清扫干净,防止尘土飞扬,影响油漆质量。

(2)每遍油漆后,都应将门窗扇用梃钩钩住,防止门窗扇、框油漆黏结,破坏漆膜,造成修补及损伤。

(3)刷油漆后应将滴在地面或窗台上及污染在墙上的油点清刷干净。

(4)油漆完成后应派专人负责看管。

【技能要点3】木基层混色涂料的施工方法

1. 主要机具

主要机具包括:油刷、开刀、牛角板、油画笔、掏子、毛笔、砂纸、砂布、擦布、腻子板、钢皮刮板、橡皮刮板、小油桶、半截大桶、水桶、油勺、棉丝、麻丝、竹签、小色碟、高凳、脚手板、安全带、手锤子和小扫帚等。

2. 作业条件

(1)施工温度宜保持平衡,不得突然变化,且通风良好。湿作业已完并具备一定的强度,环境比较干燥。一般涂饰工程施工时的环境温度不宜低于 10 ℃,相对湿度不宜大于 60%。

(2)在室内高于 3.6 m 处作业时,应事先搭设好脚手架,并以不妨碍操作为准。

(3)大面积施工前应事先做样板间,经有关质量部门检查鉴定合格后方可进行大面积施工。

(4)操作前应认真进行交接检查工作,并对遗留问题进行妥善处理。

(5)木基层含水率一般不宜大于 12%。

3. 混色油漆施工工艺

清扫基层表面的灰尘、修补基层→用磨砂纸打平 →节疤处打漆片→打底刮腻子→涂干性油→第一遍满刮腻子→磨光→涂刷底层涂料→底层涂料干硬→涂刷面层→复补腻子进行修补→磨光擦净、第三遍面漆、涂刷第二遍涂料→磨光→第三遍面漆→抛光打蜡。

4. 施工操作步骤

(1)基层处理:木材面的木毛、边棱用一号以上砂纸打磨,先磨线角后磨平面,要顺木纹打磨,如有小活翘皮、重皮处则可嵌胶粘牢。在节疤和油渍处,用酒精漆片点刷。

(2)刷底子油:清油中可适当加颜料调色,避免漏刷。涂刷顺序为从外至内,从左至右,从上至下,顺木纹涂刷。

(3)擦腻子:腻子多为石膏腻子。腻子应不软不硬、不出蜂窝,挑丝不倒为宜。批刮时应横抹竖起,将腻子刮入钉孔及裂缝内。如果裂缝较大,应用牛角板将裂缝用腻子嵌满。表面腻子应刮光,无残渣。

(4)磨砂纸:用一号砂纸打磨。打磨时应注意不可磨穿涂膜并保护棱角。磨完后用湿布擦净,对于质量要求比较高的,可增加腻子及打磨的遍数。

(5)刷第一遍厚漆:将调制好的厚漆涂刷一遍。其施工顺序与刷底子油的施工顺序相同。应当注意厚漆的稠度以达到盖底、不流淌、无刷痕为准。涂刷时应厚薄均匀。

(6)厚漆干透后,对底腻子收缩或残缺处,再用石膏腻子抹刮一次。待腻子干透后,用砂纸磨光。

(7)刷第二遍厚漆:涂刷第二遍厚漆的施工方法与第一遍相同。

(8)刷调和漆:涂刷方法与厚漆施工方法相同。由于调和漆稠度较大,涂刷时要多刷多理,挂漆饱满,动作敏捷,使涂料涂刷得光亮、均匀、色泽一致。刷完后仔细检查一遍,有毛病应及时修整。

【技能要点4】木料表面施涂丙烯酸清漆

1. 材料要求

(1)涂料:光油、清油、醇酸清漆、丙烯酸清漆(1号、2号)、黑漆、漆片等。

(2)填充料:石膏粉、钛白粉、地板黄、红土粉、黑胭脂、立德粉、纤维素等。

(3)稀释剂:二甲苯、汽油、煤油、醇酸稀料、酒精等。

(4)抛光剂:上光蜡、砂蜡等。

(5)质量要求:见表3—27。

表3—27 溶剂型混色涂料中有害物质限量要求

项目	限量值		
	硝基漆类	聚氨酯漆类	醇酸漆类
挥发性有机化合物(VOC)(g/L)	≤750	光泽(60°)≥80,600 光泽(60°)<80,600	≤550
苯(%)	0.5		
苯和二甲苯总和(%)	≤45	—	≤10
游离甲苯二异氰酸酯(TDI)(%)	—	≤0.7	—

续上表

项目		限量值		
		硝基漆类	聚氨酯漆类	醇酸漆类
重金属漆（限色漆）（mg/kg）	可溶性铅	≤90		
	可溶性镉	≤75		
	可溶性铬	≤60		
	可溶性汞	≤60		

2. 施工要点

(1)基层处理：首先清除木料表面的尘土和油污。如木料表面玷污机油，可用汽油或稀料将油污擦洗干净。清除尘土、油污后用砂纸打磨，大面可用砂纸包 5 cm³ 的短木垫着磨。要求磨平、磨光，并清扫干净。

(2)润油粉：油粉是根据样板颜色用钛白粉、红土粉、黑漆、地板黄、清油、光油等配制而成。油粉调得不可太稀，以调成粥状为宜。润油粉刷擦均可，擦时用麻绳断成 30～40 cm 长的麻头来回揉擦，包括边、胆等都要擦润到并擦净。线角用牛角板刮净。

(3)满刮色腻子：色腻子由石膏、光油、水和石性颜料调配而成。色腻子要刮到、收净，不应漏刮。

(4)磨砂纸：待腻子干透后，用 1 号砂纸打磨平整，磨后用干布擦抹干净。再用同样的色腻子满刮第二道，要求和刮头道腻子相同。刮后用同样的色腻子将钉眼和缺棱掉角处补抹腻子，抹得饱满平整。干后磨砂红，打磨平整，做到木纹清，不得磨破棱角，磨完后清扫，并用湿布擦净、晾干。

(5)刷第 1～4 道醇酸清漆：涂膜厚薄均匀，不流不坠，刷纹通顺，不得漏刷。每道漆间隔时间应控制在夏季约 6 h，春、秋季约 12 h，冬季约为 24 h 左右，有条件时间隔时间稍长一点更好。

(6)点漆片修色：对钉眼、节疤进行拼色，使整个表面颜色一致。

(7)刷第 1～2 道丙烯酸清漆：用羊毛排笔顺纹涂刷，涂膜要厚度适中、均匀一致,不得流淌、过边、漏刷。第 1 道与第 2 道刷漆时间间隔应控制在夏季约 6 h,春、秋季约 12 h,冬季约为 24 h 左右,有条件时间隔时间稍长一点更好。

(8)磨水砂纸:涂料刷 4～6 h 后用 280～320 号水砂纸打磨,要磨光、磨平并擦去浮粉。

(9)打砂蜡:首先将原砂蜡掺煤油调成粥状,用双层呢布头蘸砂蜡往返多次揉擦,力量要均匀,边角线都要揉擦,不可漏擦,棱角不要磨破,直到不见亮星为止。最后用干净棉丝蘸汽油将浮蜡擦净。

(10)擦上光蜡:用干净白布将上光蜡包在里面,收口扎紧,用手揉擦,擦匀、擦净直至光亮为止。如果是木料表面应做清漆磨退而不做丙烯酸清漆磨退。

(11)冬期施工:室内涂饰工程应在采暖条件下进行,室温保持均衡,不宜低于 10 ℃,且不得突然变化。应设专人负责测温和开关门窗,以利通风排除湿气。

3. 施工注意事项

见"木料表面清漆涂料施涂"的规定。

【技能要点 5】木料表面施涂混色磁漆磨退

1. 材料要求

(1)涂料:光油、清油、酚醛磁漆、漆片等。

(2)填充料:石膏粉、钛白粉、地板黄、红土粉、黑胭脂、栗色料、纤维素等。

(3)稀释剂:汽油、煤油、醇酸稀料、酒精等。

(4)抛光剂:上光蜡、砂蜡等。

(5)催干剂:钴催干剂等液料。

2. 施工要点

(1)基层处理:首先用开刀或碎玻璃片将木料表面的油污、灰浆等清理干净,然后磨一遍砂纸,要磨光、磨平,木毛茬要磨掉,阴阳角胶迹要清除,阳角要倒棱、磨圆,上下一致。

(2)操底油:底油由光油、清油、汽油拌合而成,要涂刷均匀,不可漏刷。石膏腻子,拌合腻子时可加入适量醇酸磁漆。干燥后磨砂纸,将野腻子磨掉,清扫并用湿布擦满刮石膏腻子(调制腻子时要加适量醇酸磁漆,腻子要调得稍稀些),用刮腻子板满刮一遍,要刮光、刮平。干燥后磨砂纸,将野腻子磨掉,清扫并用湿布擦净。满刮第二道腻子,大面用钢片刮板刮,要平整光滑。小面处用开刀刮,阴角要直。腻子干透后,用零号砂纸磨平、磨光;清扫并用湿布擦净。

(3)刷第一道醇酸磁漆:头道漆可加入适量醇酸稀料调得稍稀,要注意横平竖直涂刷,不得漏刷和流坠,待漆干透后进行磨砂纸,清扫并用湿布擦净。如发现有不平之处,要及时复抹腻子,干燥后局部磨平、磨光,清扫并用湿布擦净。刷每道漆间隔时间,应根据当时气温而定,一般夏季约 6 h,春、秋季约 12 h,冬季约为 24 h。

(4)刷第二道醇酸磁漆:刷这一道不加稀料,注意不得漏刷和流坠。干透后磨水砂纸,如表面疵子疙瘩多,可用 280 号水砂纸磨。如局部有不光、不平处,应及时复补腻子,待腻子干透后,磨砂纸,清扫并用湿布擦净。刷完第二道漆后,便可进行玻璃安装工作。

(5)刷第三道醇酸磁漆:刷法与要求同第二道,这两道可用 320 号水砂纸打磨,但要注意不得磨破棱角,要达到平和光,磨好以后应清扫并用湿布擦净。

(6)刷第四道醇酸磁漆、刷漆的方法与要求同上。刷完 7 d 后应用 320~400 号水砂纸打磨,磨时用力要均匀,应将刷纹基本磨平,并注意棱角不得磨破,磨好后清扫并用湿布擦净待干。

(7)打石蜡:先将原石蜡加入煤油化成粥状,然后用棉丝蘸上砂蜡涂布满一个门面或窗面,用水按棉丝来回揉擦往返多次,揉擦时用力要均匀,擦至出现暗光,大小面上下一致为准(不得磨破棱角),最后用棉丝蘸汽油将浮蜡擦洗干净。

(8)擦上光蜡:用干净棉丝蘸上光蜡薄薄地抹一层,注意要擦匀擦净,达到光泽饱满为止。

(9)冬期施工:室内涂饰工程在采暖条件下进行,室温保持均衡,一般宜不低于 10 ℃,且不得突然变化。同时应设专人负责测温和开关门窗,以利通风排除湿气。

第五节 美术涂饰工程

【技能要点 1】一般规定

(1)美术涂饰一般分为中级和高级两级,并在一般涂料工程完成的基础上进行。

(2)涂饰的色调和图案随环境需要选择,在正式施工前应做样板,方可大面积施工。

(3)套色漏花是在刷好色浆的基础上进行的。用特制的漏板,按美术形式,有规律地将各种颜色喷(刷)在墙面上。

(4)套色漏花按施工方法可分为两种,一是喷涂法,二是刷涂法。一般宜用喷印方法进行,并按分色顺序喷印。前套漏板喷印完,待涂料(或浆料)稍干后,方可进行下套漏板的喷印。

【技能要点 2】材料要求

(1)涂料:光油、清油、铅油、各色油性调和漆(酯胶调和漆、酚醛调和漆、醇酸调和漆等),或各色无光调和漆等;应有产品合格证、出厂日期及使用说明。

(2)稀释剂:汽油、煤油、松香水、酒精、醇酸稀料等与油漆相应配套的稀料。

几种常见稀料剂简介

1. 油基漆

一般采用 200 号溶剂汽油或松节油,如漆中树脂含量高,或油含量低,就需要将两者以一定比例混合使用,或加点芳香烃溶剂。

2. 醇酸树脂漆

一般长油度的可用 200 号溶剂汽油,中油度的可用 200 号溶剂汽油和二甲苯按 1:1 混合使用,短油度的可用二甲苯。如 X-4 醇酸漆稀释醇酸漆,也可用来稀释油基漆。

(1)长油度醇酸树脂:典型的品种是用 65％油度的干性油季成四醇酸树脂制成的磁漆。其特点是耐候性优良,宜用于作建筑物、大型钢结构的户外面漆。由于长油度醇酸树脂与其他成膜物质的混溶性较差,因此不能用来制备复合成膜物质为基础的涂料。

(2)中油度醇酸树脂:由中油度干性油改性醇酸树脂制成的漆,干燥速度较快,保光耐候性好,使用极为广泛,50％油度的亚麻仁油、梓油以及豆油改性醇酸树脂漆都属此类,供进一步改性的也往往是这一类。

(3)短油度醇酸树脂:这类漆的品种很少。由于短油度醇酸树脂与其他树脂的混溶性最好,所以主要是与其他树脂拼用,如与氨基树脂拼用制备烘漆,锤纹漆与过氯乙烯树脂拼用增加附着力。蓖麻油醇酸树脂在硝基漆中作增韧剂使用。

3. 氨基漆

一般用丁醇与二甲苯(或 200 号煤焦油溶剂)的混合溶液。也可采用见表 3—14 中所列的配方。

表 3—28　　氨基漆稀释剂配方(单位:％)

氨基漆稀释剂	1 号	2 号
二甲苯	50	80
丁醇	50	10
乙酸丁酯	—	10

4. 沥青漆

多用 200 号煤焦油溶剂、200 号溶剂汽油、二甲苯,在沥青漆中有时添加少量煤油以改善流动性;有时也添加一些丁醇。

5. 硝基漆

硝基漆稀释剂又称香蕉水,因成分中含有醋酸戊酸的香味而得名,如 X-1,X-2 等均是。

此外,还有硝基无苯稀释剂,以轻质石油溶剂代替苯或甲苯为原料的一种硝基漆稀释剂。使用这种稀释剂后,可避免引发施工时苯中毒的事故。

6. 过氯乙烯漆

用脂、酮及苯类等混合溶剂,但不能用醇类溶剂。特别要介绍的是:采用价格便宜的甲醛酯(二乙氧基甲烷)和 120 号汽油来代替毒性大的纯苯,在硝基漆和过氯乙烯漆中应用,已收到很好效果。

7. 聚氨酯漆

用无水二甲苯、甲苯与酮或酯混合溶剂,但不能用带羟基的溶剂,如醇类酸类等。

8. 环氧漆

系由环己酮、二甲苯等组成,专供环氧树脂涂料稀释用。

(3)各色颜料应耐碱、耐光。

【技能要点 3】施工要点

1. 仿木纹

仿木纹一般是仿硬质木材的木纹如黄菠萝、水曲柳、榆木、核桃等木纹,通过专用工具和工艺手法用涂料涂饰在内墙面上。涂饰完成后,似镶木质墙裙;在木门窗表面上,亦可用同样方法涂饰仿木纹。

2. 仿石纹

仿石纹,又称"假大理石"。

(1)一种方法是,丝棉经温水浸泡后,拧去水分,用手甩开使之松散,以小钉挂在墙面上,并将丝棉理成如大理石的各种纹理状。涂料的颜色一般以底层涂料的颜色为基底,再喷涂深、浅两色,喷涂的顺序是浅色＋深色＋白色,共为三色。喷完后即将丝棉揭去,墙面上即显出细纹大理石纹。

(2)另一种方法是,在底层涂好白色涂料的面上,再刷一道浅灰色涂料,未干燥时就在上面刷上黑色的粗条纹,条纹要曲折不能端直。在涂料将干未干时，用干净刷子把条纹的边线刷混，刷到隐约可见，使两种颜色充分调和。

（3）喷涂大理石纹，可用干燥快的涂料，刷涂大理石纹，可用伸展性好的涂料，因伸展性好，才能化开刷纹。

（4）仿木纹或仿石饰纹涂饰完成后，表面均应涂饰一遍罩面清漆。

3. 涂饰鸡皮皱面层

（1）底层上涂上拍打鸡皮皱纹的涂料，其质量配合比目前常用的为钛白粉：麻斯面（双飞粉）：松节油为 15∶26∶54∶5。也可由试验确定。

（2）涂刷面层的厚度为 1.5～2.0 mm，比一般涂刷的涂料要厚些。刷鸡皮皱涂料和拍打鸡皮皱纹应同时进行。即前边一人涂刷，后边一人随着拍打。起粒大小应均匀一致。

4. 拉毛面层

（1）墙面底层要做到表面嵌补平整。用血料腻子加石膏粉或熟桐油的菜胶腻子。用钢皮或木刮尺满刮。要严格控制腻子的厚度，一般办公室卧室等面积较小的房间，腻子的厚度不应超过 5 mm；公共场所及大型建筑的内墙墙面，因面积大，拉毛小了不能明显看出，腻子厚度要求 20～30 mm，这样拉出的花纹才大。不等腻子干燥，立即用长方形的猪鬃毛板刷拍拉腻子，使其头部有尖形的花纹。再用长刮尺把尖头轻轻刮平，即成表面有平整感觉的花纹。根据需要涂刷各种涂料或粉浆，由于拉毛腻子较厚，干燥后吸收力特别强，故在涂刷涂料、粉料前必须刷清油或胶料水润滑。涂刷时应用新的排笔或油刷，以防流坠。

（2）石膏油拉毛。在基层清扫干净后，应刷一遍底油，以增强其附着力并便于操作。刮石膏油时，要满刮并严格控制厚度，表面要均匀平整。剧院、娱乐场、体育馆等大型建筑的内墙一般要求大拉毛，石膏油应刮厚些，其厚度为 15～25 mm；办公室等较小房间的内墙，一般为小拉毛，石膏油的厚度应控制在 5 mm 以下。石膏油刮上后，随即用腰圆形长猪鬃刷子捣匀，使石膏油厚薄一致。紧跟着进行拍拉,即形成高低均匀的毛面。如石膏油拉毛面要求涂刷各色涂料时,应先刷一遍清油,由于拉毛面涂刷困难,最好采用喷涂法,但应将涂料适当调稀,以便操作。石膏必须先过箩。石膏油如过稀,出现流淌时,可加入石膏粉调整。

第六节 涂饰工程施工质量验收

【技能要点 1】一般规定

1. 各分项工程的检验批划分

(1)室外涂饰工程每一栋楼的同类涂料涂饰的墙面每 500～1000 m² 应划分为一个检验批,不足 500 m² 也应划分为一个检验批。

(2)室内涂饰工程同类涂料涂饰的墙面每 50 间(大面积积房间和走廊按涂饰面积 30 m² 为一间)应划分为一个检验批,不足 50 间也应划分为一个检验批。

2. 检查数量

(1)室外涂饰工程每 100 m² 应至少检查一处,每处不得小于 10 m²。

(2)室内涂饰工程每个检验批应至少抽查 10%,并不得少于 3 间;不足 3 间时应全数查。

3. 涂饰工程的基层处理要求

(1)新建筑物的混凝土或抹灰基层在涂饰涂料前应涂刷抗碱封闭底漆。

(2)旧墙面在涂饰涂料前应清除疏松的旧装饰层,并涂刷界面剂。

(3)混凝土或抹灰基层涂刷溶剂型涂料时,含水率不得大于 8%;涂刷乳液型涂料时,含水率不得大于 10%。木材基层的含水率不得大于 12%。

(4)基层腻子应平整、坚实、牢固,无粉化、起皮和裂缝;内墙腻子的黏结强度应符合《建筑室内用腻子》(JG/T 304)的规定。

(5)厨房、卫生间墙面必须使用耐水腻子。

4. 其他要求

(1)水性涂料涂饰工程施工的环境温度应在 5 ℃～35 ℃之间。

(2)涂饰工程应在涂层养护期满后进行质量验收。

【技能要点 2】水性涂料涂饰工程施工质量验收

1. 主控项目

主控项目见表 3—29。

表 3—29 主控项目内容及验收要求

项次	项目内容	规范编号	质量要求	检查方法
1	材料质量	《建筑装饰装修工程质量验收规范》（GB 50210—2001）第10.2.2条	水性涂料涂饰工程所用涂料的品种、型号和性能应符合设计要求	检查产品合格证书、性能检测报告和进场验收记录
2	涂饰颜色和图案	《建筑装饰装修工程质量验收规范》（GB 50210—2001）第10.2.3条	水性涂料涂饰工程的颜色、图案应符合设计要求	观察
3	涂饰综合质量	《建筑装饰装修工程质量验收规范》（GB 50210—2001）第10.2.4条	水性涂料涂饰工程应涂饰均匀、黏结牢固，不得漏涂透底、起皮和掉粉	观察；手摸检查
4	基层处理	《建筑装饰装修工程质量验收规范》（GB 50210—2001）第10.2.5条	水性涂料涂饰工程的基层处理应符合 GB 50210—2001 第 10.1.5 条的要求	观察；手摸检查；检查施工记录

2. 一般项目

(1)薄涂料的涂饰质量和检验方法应符合表 3—30 的规定。

表 3—30   薄涂料的涂饰质量和检验方法

项次	项目内容	普通涂饰	高级涂饰	检验方法
1	颜色	均匀一致	均匀一致	
2	泛碱、咬色	允许少量轻微	不允许	
3	流坠、疙瘩	允许少量轻微	不允许	观察
4	砂眼、刷纹	允许少量轻微砂眼,刷纹通顺	无砂眼,无刷纹	
5	装饰线、分色线直线度允许偏差(mm)	2	1	拉 5 m 线,不足 5 m 拉通线,用钢直尺检查

(2)厚涂料的涂饰质量和检验方法应符合表 3—31 的规定。

表 3—31   厚涂料的涂饰质量和检验方法

项次	项目	普通涂饰	高级涂饰	检验方法
1	颜色	均匀一致	均匀一致	
2	泛碱、咬色	允许少量轻微	不允许	观察
3	点状分布	——	疏密均匀	

(3)复层涂料的涂饰质量和检验方法见表 3—32。

表 3—32   复层涂料的涂饰质量和检验方法

项次	项目	质量要求	检验方法
1	颜色	均匀一致	
2	泛碱、咬色	不允许	观察
3	喷点疏密程度	均匀,不允许连片	

(4)涂层与其他装修材料和设备衔接处应吻合,界面应清晰。

【技能要点 3】溶剂型涂料涂饰工程施工质量验收

1. 主控项目

主控项目见表 3—33。

表 3—33 主控项目内容及验收要求

项次	项目内容	规范编号	质量要求	检查方法
1	涂料质量	《建筑装饰装修工程质量验收规范》（GB 50210—2001）第10.3.2条	溶剂型涂料涂饰工程所选用涂料的品种、型号和性能应符合设计要求	检查产品合格证书、性能检测报告和进场验收记录
2	颜色、光泽、图案	《建筑装饰装修工程质量验收规范》（GB 50210—2001）第10.3.3条	溶剂型涂料涂饰工程的颜色、光泽、图案应符合设计要求	观察
3	涂饰综合质量	《建筑装饰装修工程质量验收规范》（GB 50210—2001）第10.3.4条	溶剂型涂料涂饰工程应涂饰均匀、黏结牢固，不得漏涂、透底、起皮和返锈	观察；手摸检查
4	基层处理	《建筑装饰装修工程质量验收规范》（GB 50210—2001）第10.3.5条	溶剂型涂料涂饰工程的基层处理应符合相关的要求	观察；手摸检查；检查施工记录

2. 一般项目

（1）色漆的涂饰质量和检验方法应符合表 3—34 的规定。

表 3—34 色漆的涂饰质量和检验方法

项次	项目	普通涂饰	高级涂饰	检验方法
1	颜色	均匀一致	均匀一致	观察
2	光泽、光滑	光泽基本均匀光滑无挡手感	光泽均匀一致光滑	观察、手摸检查
3	刷纹	刷纹通顺	无刷纹	观察

项次	项目	普通涂饰	高级涂饰	检验方法
4	裹棱、流坠、皱皮	明显处不允许	不允许	观察
5	装饰线、分色线直线度允许偏差(mm)	2	1	拉5m线,不足5m拉通线,用钢直尺检查

注:无光色漆不检查光泽。

(2)清漆的涂饰质量和检验方法应符合表3—35的规定。

表3—35　清漆的涂饰质量和检验方法

项次	项目	普通涂饰	高级涂饰	检验方法
1	颜色	基本一致	均匀一致	观察
2	木纹	棕眼刮平、木纹清楚	棕眼刮平、木纹清楚	观察
3	光泽、光滑光泽基本均匀	光滑无挡手感	光泽均匀一致光滑	观察、手摸检查
4	刷纹	无刷纹	无刷纹	观察
5	裹棱、流坠、皱皮	明显处不允许	不允许	观察

(3)涂层与其他装修材料和设备衔接处应吻合,界面应清晰。

【技能要点4】美术涂饰工程施工质量验收

1. 主控项目

主控项目见表3—36。

表3—36　主控项目内容及验收要求

项次	项目内容	规范编号	质量要求	检查方法
1	材料质量	《建筑装饰装修工程质量验收规范》(GB 50210—2001)第10.4.2条	美术涂饰所用材料的品种、型号和性能应符合设计要求	观察;检查产品合格证书、性能检测报告和进场验收记录

项次	项目内容	规范编号	质量要求	检查方法
2	涂饰综合质量	《建筑装饰装修工程质量验收规范》（GB 50210—2001）第10.4.3条	美术涂饰工程应涂饰均匀、黏结牢固，不得漏涂、透底、起皮、掉粉和返锈	观察；手摸检查
3	基层处理	《建筑装饰装修工程质量验收规范》（GB 50210—2001）第10.4.4条	美术涂饰工程的基层处理应符合本规范第10.1.5条的要求	观察；手摸检查；检查施工记录
4	套色、花纹、图案	《建筑装饰装修工程质量验收规范》（GB 50210—2001）第10.4.5条	美术涂饰的套色、花纹和图案应符合设计要求	观察

2. 一般项目

一般项目见表3—37。

表3—37　一般项目内容及验收要求

项次	项目内容	规范编号	质量要求	检查方法
1	表面质量	《建筑装饰装修工程质量验收规范》（GB 50210—2001）第10.4.6条	美术涂饰表面应洁净，不得有流坠现象	观察
2	仿花纹理涂饰表面质量	《建筑装饰装修工程质量验收规范》（GB 50210—2001）第10.4.7条	仿花纹涂饰的饰面应具有被模仿材料的纹理	观察

续上表

项次	项目内容	规范编号	质量要求	检查方法
3	套色涂饰图案	《建筑装饰装修工程质量验收规范》（GB 50210—2001）第 10.4.8 条	套色涂饰的图案不得移位,纹理和轮廓应清晰	观察

第四章 防火、防腐涂料施工

第一节 底材表面处理方法

【技能要点 1】钢材的表面处理

1. 除油

去除金属工件表面的油污，可增强涂料的附着力。根据油污情况，选用成本低、溶解力强、毒性小且不易燃的溶剂。常用的有200 号石油溶剂油、松节油、三氯乙烯、四氯乙烯、四氯化碳、二氯甲烷、三氯乙烷、三氟三氯乙烷等。

几种常见除油剂简介

1. 碱液清除法

碱液除油主要是借助碱的化学作用来清除钢材表面上的油脂。

2. 乳化碱液清除法

乳液除油是在碱液中加入了乳化剂，使清洗液具有碱的皂化作用。

3. 有机溶剂清除法

用有机溶剂除去钢材表面的油污是利用有机溶剂对油脂的溶解作用。在有机溶剂中加入乳化剂，可提高清洗剂的清洗能力。有机溶剂清洗液可在常温条件下使用，加热在 50 ℃的条件下使用，会提高清洗效率。可以采用浸渍法或喷射法除油。一般喷射法除油效果好些，但浸渍法操作简单，各有所长。

2. 除锈

彻底清除钢材表面的锈垢，以延长涂膜的使用寿命。不同的钢铁器件表面有不同的除锈标准，它是按照除锈后钢材表面清洁度分级的。

除锈的主要方法包括以下四种。

(1)手工打磨除锈,能除去松动、翘起的氧化皮,疏松的锈及其他污物。

(2)机械除锈,借助于机械冲击力与摩擦作用,使制件表面除锈。可以用来清除氧化皮、锈层、旧漆层及焊渣等。其特点是操作简便,比手工除锈效率高。常用的除锈设备有包括:

1)钢板除锈机,制件在一对快速转动的金属丝滚筒间通过,靠丝刷与钢材表面的快速摩擦,除去制件板面的锈蚀层;

2)手提式钢板除锈机,由电动机通过软轴带动钢丝轮与钢材表面摩擦而除锈;

3)滚筒除锈机,靠滚筒转动使磨料与钢材表面相互冲击、摩擦而除锈。

现在还用喷砂除锈,并且是一种重要的除锈方式。

(3)化学除锈,通常称为酸洗,是以酸溶液促使钢材表面锈层发生化学变化并溶解在酸液中,而达到除锈目的。常用浸渍、喷射、涂覆3种处理方式。

(4)除锈剂除锈,常用络合除锈剂,既可在酸性条件下进行,也可在碱性条件下进行,前者还适合于除油、磷化等综合表面处理。

【技能要点2】木材的表面处理

1. 表面刨平及打磨

用机械或手工进行刨平,然后打磨。首先将2块新砂纸的表面相互摩擦,以除去偶然存在的粗砂粒,然后再用砂纸进行打磨,打磨时用力要均匀一致。打磨完毕后用抹布擦净木屑等杂质。

2. 去除木毛

木材表面虽经打磨,但仔细观察尚存在许多木毛,要除去这些木毛,需先用温水湿润木材表面,再用棉布先逆着纤维纹擦拭木材表面,使木毛竖起,并使之干燥变硬,然后再用120～140号砂纸打磨,如果需要抛光或精细加工的表面,去除木毛的工作要重复两次。

3. 清除木脂

由于树种不同,某些木材常粘附或分泌出木脂、木浆等物质,如果不清除,温度稍高,这种分泌物就会溢出,影响涂层装饰外观。有时木材表面需要进行染色时,会使涂层表面出现花斑、浮色等缺点。清除木脂的方法为,先用铲刀将析出的木脂铲除清洁,然后用有机溶剂如苯、甲苯、二甲苯、丙酮等擦拭,使木脂溶解,再用干布擦拭清洁。

4. 防霉

为了避免木材长时间受潮而出现霉菌,可在施工前先薄涂一层防霉剂。例如用乙基磷酸汞、氯化酚或对甲苯氨基磺酰溶液来处理,待干透以后,再进行防火涂料的施工。

【技能要点 3】水泥混凝土的表面处理

1. 新混凝土表面

新混凝土表面不宜立刻涂装,至少要经过 2～3 个星期的干燥,使水分蒸发、盐分析出之后才能开始涂装。如需缩短工期,可采用 15%～20% 的硫酸锌或氯化锌溶液或氨基磺酸溶液涂刷水泥表面数次,待干后除去析出的粉质和浮粒;也可用 5%～10% 的稀盐酸溶液喷淋,再用清水洗涤干燥,此外也可用耐碱的底漆事先进行封闭。

2. 旧混凝土表面

可用钢丝刷去除浮粒,如果水泥混凝土表面有较深的裂缝或凹凸不平处,先用极稀的氢氧化钠溶液清洗油垢,并用水冲洗干燥,再用防火涂料或其他防火材料填补堵平后,方可进行涂装。

第二节　钢构件涂装技术

【技能要点 1】涂料施工要求

1. 防腐涂料施工

(1)钢材表面要求。

涂装前钢材表面除锈应符合设计要求和国家现行有关标准的

规定。处理后的钢材表面不应有焊渣、焊疤、灰尘、油污、水和毛刺等。当设计无要求时,钢材表面除锈等级应符合表 4—1 的规定。

检查数量:按构件数抽查 10%,且同类构件不应少于 3 件。

检验方法:用铲刀检查和用现行国家标准《涂装前钢材表面锈蚀等级和除锈等级》(GB 8923—1988)规定的图片对照观察检查。

表 4—1　各种底漆或防锈漆要求最低的除锈等级

涂料品种	除锈等级
油性酚醛、醇酸等底漆或防锈漆	St2
高氯化聚乙烯、氯化橡胶、氯磺化聚乙烯、环氧树脂、浆氮酯等底漆或防锈漆	Sa2
无机富锌、有机硅、过氯乙烯等底漆	Sa2.5

(2)涂装施工。

涂料、涂装遍数、涂层厚度均应符合设计要求。当设计对涂层厚度无要求时,涂层干漆膜总厚度:室外应为 150 μm,室内应为 125 μm,其允许偏差为 -25 μm。每遍涂层干漆膜厚度的允许偏差为 -5 μm。

检查数量:按构件数抽查 10%,且同类构件不应少于 3 件。

检验方法:用干漆膜测厚仪检查。每个构件检测 5 处,每处的数值为 3 个相距 50 mm 测点涂层干漆膜厚度的平均值。

(3)涂层外观。

构件表面不应误涂、漏涂,涂层不应脱皮和返锈等。涂层应均匀、无明显皱皮、流坠、针眼和气泡等。

检查数量:全数检查。

检验方法:观察检查。

(4)涂层附着力测试。

1)当钢结构处在有腐蚀介质环境或外露且设计有要求时,应进行涂层附着力测试,在检测处范围内,当涂层完整程度达到 70%以上时,涂层附着力达到合格质量标准的要求。检查数量:按构件数抽查 1%,且不应小于 3 件,每件测 3 处。

检验方法:按照现行国家标准《漆膜附着力测定法》(GB 1720—1979)或《色漆和清漆、漆膜的划格试验》(GB/T 9286—1998)执行。

2)涂装完成后,构件的标志、标记和编号应清晰完整。

检查数量:全数检查。

检验方法:观察检查。

2. 防火涂料施工

(1)防火涂料涂装前钢材表面除锈及防锈底漆涂装应符合设计要求和国家现行有关标准的规定。

检查数量:按构件数抽查 10%,且同类构件不应少于 3 件。

检验方法:表面除锈用铲刀检查和用现行国家标准《涂装前钢材表面锈蚀等级和除锈等级》(GB 8923—1988)规定的图片对照观察检查。底漆涂装用干漆膜测厚仪检查,每个构件检测 5 处,每处的数值为 3 个相距 50 mm 测点涂层干漆膜厚度的平均值。

(2)防火涂料涂装基层不应有油污、灰尘和泥砂等污垢。

检查数量:全数检查。

检验方法:观察检查。

(3)钢结构防火涂料的黏结强度、抗压强度应符合国家现行标准《钢结构防火涂料应用技术规范》(CECS 24:90)的规定。检验方法应符合现行国家标准《建筑构件防火喷涂材料性能试验方法》(GB/T 9978—2008)的规定。

检查数量:每使用 100 t 或不足 100 t 薄涂型防火涂料应抽检一次黏结强度;每使用 500 t 或不足 500 t 厚涂型防火涂料应抽检一次黏结强度和抗压强度。

检验方法:检查复检报告。

(4)薄涂型防火涂料的涂层厚度应符合有关耐火极限的设计要求。厚涂型防火涂料涂层的厚度,80% 及以上面积应符合有关耐火极限的设计要求,且最薄处厚度不应低于设计要求的 85%。

检查数量:按同类构件数抽查 10%,且均不应少于 3 件。

检验方法:用涂层厚度测量仪、测针和钢尺检查。测量方法应符合国家现行标准《钢结构防火涂料应用技术规范》(CECS 24: 90)的规定。

(5)薄涂型防火涂料涂层表面裂纹宽度不应大于 0.5 mm;厚涂型防火涂料涂层表面裂纹宽度不应大于 1 mm。

检查数量:按同类构件数抽查 10%,且均不应少于 3 件。

检验方法:观察和用尺量检查。

(6)防火涂料不应有误涂、漏涂,涂层应闭合无脱层、空鼓、明显凹陷、粉化松散和浮浆等外观缺陷,乳突已剔除。

检查数量:全数检查。

检验方法:观察检查。

几种防火涂料简介

1. 厚涂型钢结构防火涂料

所谓厚涂型钢结构防火涂料是指涂层厚度在 8~50 mm 的涂料,这类钢结构防火涂料的耐火极限可达 0.5~3 h。在火灾中涂层不膨胀,依靠材料的不燃性、低导热性或涂层中材料的吸热性,延缓钢材的温升,保护钢件。这类钢结构防火涂料是用合适的胶粘剂再配以无机轻质材料、增强材料制成。与其他类型的钢结构防火涂料相比,它除了具有水溶性防火涂料的一些优点之外,由于它从基料到大多数添加剂都是无机物,因此它还具有成本低廉这一突出特点。该类钢结构防火涂料施工采用喷涂,一般多应用在耐火极限要求 2 h 以上的室内钢结构上。但这类产品由于涂层厚,外观装饰性相对较差。

2. 薄涂型钢结构防火涂料

一般讲,涂层使用厚度在 3~7 mm 的钢结构防火涂料称为薄涂型钢结构防火涂料。该类涂料受火时能膨胀发泡,以膨胀发泡所形成的耐火隔热层延缓钢材的温升,保护钢构件。这类钢结构涂料一般是用合适的乳胶聚合物作基料,再配以阻燃剂、添加剂等制成。对这类型防火涂料,要求选用的乳液聚合物必须对钢基材有良好的附着力,耐久性和耐水性好。常用作这类防火涂料基料的乳液聚合物有苯乙烯改性的丙烯酸乳液,聚醋酸乙烯乳液,偏氯乙烯乳液等。对于用水性乳胶作基料的防火涂料,阻燃添加剂、颜料及填料是分散到水中的,因而水实际上起分散载体的作用,为了使粉末的各种添加剂能更好地分散,还加入分散剂,如常用的六偏磷酸钠等。该类钢结构防火涂料在生产过程中一般都分为三步:第一步先将各种阻燃添加剂分散在水中,然后研磨成规定细度的浆料,第二步再用基料(乳液)进行配漆,第三步在浆料中配以无机轻质材料、增强材料等搅拌均匀。该涂料一般分为底层(隔热层)和面层(装饰层),其装饰性比厚涂型好,施工采用喷涂,一般使用在耐火极限要求不超过2 h的建筑钢结构上。

3. 超薄型钢结构防火涂料

超薄型钢结构防火涂料是指涂层厚度不超过3 mm的钢结构防火涂料,这类钢结构防火涂料受火时膨胀发泡,形成致密的防火隔热层,是近几年发展起来的新品种。它可采用喷涂、刷涂或滚涂施工,一般使用在要求耐火极限2 h以内的建筑钢结构上。与厚涂型和薄涂型钢结构防火涂料相比,超薄型膨胀钢结构防火涂料黏度更细、涂层更薄、施工方便、装饰性更好是其突出优点。在满足防火要求的同时又能满足高装饰性要求,特别是对裸露的钢结构,这类涂料是目前备受用户青睐的钢结构防火涂料。公安部消防科研所研制出的"SCB"(溶剂型)和"SCA"(水溶型)超薄膨胀型钢结构防火涂料,涂层厚度分别为2.69 mm和1.6 mm,耐火极限分别为147 min和63 min;"LF"(溶剂型)和"L6"(溶剂型)超薄钢结构防火涂料,涂层厚度分别为2 mm和3 mm,耐火极限分别为94 min和90 min。

4. 饰面型防火涂料

饰面型防火涂料是一种集装饰和防火为一体的新型涂料品种,当它涂覆于可燃基材上时,平时可起一定的装饰作用;一旦火灾发生时,则具有阻止火势蔓延,从而达到保护可燃基材的目的。

　　饰面型膨胀防火涂料,若以溶剂类型来分,可分为溶剂型和水溶型两类,两类涂料所选用的防火组分基本相同,因此很难说它们的防火性能有多大的差别。其选用的溶剂以采用的成膜物质而定。溶剂型防火涂料的成膜物质一般选用氯化橡胶、过氯乙烯、氨基树脂、酚醛树脂等,采用的溶剂为 200 号溶剂汽油、香蕉水、醋酸丁酯等。水溶型防水涂料的成膜物质一般选用氯乙烯—偏二氯乙烯乳液、苯—丙乳液、丙烯酸乳液、聚醋酸乙烯乳液等,这些材料均以水为溶剂。这两类涂料性能上的差别主要在于涂料的理化性能以及耐候性能,溶剂型防火涂料这两方面的性能都优于水溶型防火涂料。

　　透明防火涂料是近几年发展起来并趋于成熟的一类饰面型防火涂料,产品广泛地适用于宾馆、医院、剧场、计算机房等木结构的装修,各种高层建筑及古建筑的装饰和防火保护。

【技能要点 2】钢构件表面处理

1. 涂装前钢材表面锈蚀等级和除锈等级标准

（1）锈蚀等级。

钢材表面分 A、B、C、D 四个锈蚀等级,各等级文字说明如下:

1）A 级为全面地覆盖着氧化皮而几乎没有铁锈的钢材表面;

2）B 级为已发生锈蚀,并且部分氧化皮已经剥落的钢材表面;

3）C 级为氧化皮已因锈蚀而剥落或可以刮除,并有少量点蚀的钢材表面;

4）D 级为氧化皮已因锈蚀而全面剥离,并且已普遍发生点蚀的钢材表面。

（2）喷射或抛射除锈等级。

喷射或抛射除锈分四个等级,其文字部分叙述如下:

1）Sa1——轻度的喷射或抛射除锈。

钢材表面应无可见的油脂或污垢,并且没有附着不牢的氧化皮、铁锈和油漆涂层等附着物。附着物是指焊渣、焊接飞溅物和可溶性盐等。氧化皮、铁锈和油漆涂层等能以金属腻子刀从钢材表面剥离掉,即可视为附着不牢。

2)Sa2——彻底的喷射或抛射除锈。

钢材表面无可见的油脂和污垢,并且氧化皮、铁锈等附着物已基本清除,其残留物应是牢固附着的。

3)Sa2.5——非常彻底的喷射或抛射除锈。

钢材表面无可见的油脂、污垢、氧化皮、铁锈和油漆涂层等附着物,任何残留的痕迹应仅是点状或条纹状的轻微色斑。

4)Sa3——使钢材表观洁净的喷射或抛射除锈。

钢材表面应无可见的油脂、污垢、氧化皮、铁锈和油漆涂层等附着物,该表面应显示均匀的金属光泽。

(3)手工和动力工具除锈等级。

手工和动力工具除锈等级,其文字部分叙述如下:

1)St2——彻底的手工和动力工具除锈。

钢材表面应无可见的油脂和污垢,并且没有附着不牢的氧化皮、铁锈和油漆涂层等附着物。

2)St3——非常彻底的手工和动力工具除锈。

钢材表面应无可见的油脂和污垢,并且没有附着不牢的氧化皮、铁锈和油漆涂层等附着物。除锈应比 St2 更为彻底,底材显露部分的表面应具有金属光泽。

(4)火焰除锈等级。

火焰除锈等级,其文字叙述如下:

F1——火焰除锈。

钢材表面应无氧化皮、铁锈和油漆涂层等附着物,任何残留的痕迹应仅为表面变色(不同颜色的暗影)。

2. 钢材表面粗糙度

钢材表面的粗糙度对漆膜的附着力、防腐蚀性能和使用寿命有很大的影响。漆膜附着于钢材表面主要是靠漆膜中的基料分子与金属表面极性基团的范德华引力相互吸引。

　　钢材表面在喷射除锈后,随着粗糙度的增大,表面积也显著增加,在这样的表面上进行涂装,漆膜与金属表面之间的分子引力也会相应增加,使漆膜与钢材表面间的附着力相应地提高。以棱角磨料进行的喷射除锈,不仅增加了钢材的表面积,而且还能形成三维状态的几何形状,使漆膜与钢材表面产生机械的咬合作用,更进一步提高了漆膜的附着力和防腐蚀性能,并延长了保护寿命。

　　钢材表面合适的粗糙度有利于漆膜保护性能的提高。粗糙度太大,如漆膜用量一定时,则会造成漆膜厚度分布的不均匀,特别是在波峰处的漆膜厚度往往低于设计要求,引起早期的锈蚀;另外,还常常在较深的波谷凹坑内截留住气泡,将成为漆膜起泡的根源;粗糙度太小,不利于附着力的提高。所以为了解漆膜的保护性能,对钢材的表面粗糙度有所限制。对于普通涂料而言,合适的粗糙度范围以 $30\sim75\ \mu m$ 为宜,最大粗糙度值不宜超过 $100\ \mu m$。

　　表面粗糙度的大小取决于磨料粒度的大小、形状、材料和喷射的速度、作用时间等工艺参数,其中以磨料粒度的大小对粗糙度影响较大。所以在钢材表面处理时必须对不同的材质,不同的表面处理要求,制定合适的工艺参数,并加以质量控制。

　　3. 特殊钢材表面的预处理

　　对镀锌、镀铝、涂防火涂料的钢材表面的预处理应符合以下规定:

　　(1)外露构件需热浸锌和热喷锌、铝的,除锈质量等级为Sa2.5~Sa3 级,表面粗糙度应达 $30\sim35\ \mu m$。

　　(2)对热浸锌构件允许用酸洗除锈,酸洗后必须经 3~4 道水洗,将残留酸完全清洗干净,干燥后方可浸锌。

　　(3)要求喷涂防火涂料的钢结构件除锈,可按设计技术要求进行。

　　4. 钢材表面处理方法

　　(1)人工除锈。

　　金属结构表面的铁锈,可用钢丝刷、钢丝布或粗砂布擦拭,直到露出金属本色,再用棉纱擦净。

(2)喷砂除锈。

在金属结构量很大的情况下,可选用喷砂除锈。它能去掉铁锈、氧化皮、旧有的油层等杂物。经过喷砂的金属结构,表面变得粗糙又很均匀,对增加油漆的附着力、保证漆层质量有很大的好处。

喷砂就是用压缩空气把石英砂通过喷嘴,喷射在金属结构表面,靠砂子有力的撞击风管的表面,去掉铁锈、氧化皮等杂物。在工地上使用的喷砂工具较为简单,如图4—1所示。

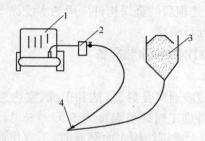

图 4—1 喷砂流程示意图

1—压缩机;2—油水分离器;3—沙斗;4—喷枪

喷砂所用的压缩空气不能含有水分和油脂,所以在空气压缩机的出口处,装设油水分离器。压缩空气的压力一般在 0.35～0.4 MPa。

喷砂所用的砂粒,应是坚硬有棱角,粒度要求为 1.5～2.5 mm,除经过筛除去泥土杂质外,还应经过干燥。

喷砂时,应顺气流方向;喷嘴与金属表面一般成 70°～80°夹角;喷嘴与金属表面的距离一般在 100～150 mm 之间。喷砂除锈要对金属表面无遗漏地进行。经过喷砂的表面,要达到一致的灰白色。

喷砂处理的优点是质量好,效率高,操作简单;但是产生的灰尘太大,施工时应设置简易的通风装置,操作人员应戴防护面罩或风镜和口罩。

经过喷砂处理后的金属结构表面,可用压缩空气进行清扫,然后再用汽油或甲苯等有机溶剂清洗。待金属结构干燥后,就可进行刷涂操作。

(3)化学除锈。

化学除锈方法,即把金属构件浸入15%～20%的稀盐酸或稀硫酸溶液中浸泡20 min,然后用清水洗干净。如果金属表面锈蚀较轻,可用"三合一"溶液同时进行除油、除锈和钝化处理,"三合一"溶液配方为:草酸150 g,硫脲10 g,平平加10 g,水1000 g。经"三合一"溶液处理后的金属构件应用热水洗涤2～3 min,再用热风吹干,立即进行喷涂。

【技能要点3】钢结构涂装准备

1. 作业条件

(1)施工环境应通风良好、清洁和干燥,室内施工环境温度应在0℃以上,室外施工时环境温度为5℃～38℃之间,相对湿度不大于85%。雨天或钢结构表面结露时,不宜作业。冬季应在采暖条件下进行,室温必须保持衡定。

(2)钢结构制作或安装的完成、校正及交接验收合格。

(3)注意与土建工程配合,特别是与装饰、涂料工程要编制交叉计划及措施。

2. 涂料的选用

一般选择应考虑以下方面因素:

(1)使用场合和环境是否有化学腐蚀作用的气体,是否为潮湿环境。

(2)是打底用,还是罩面用。

(3)选择涂料时应考虑在施工过程中涂料的稳定性、毒性及所需的温度条件。

(4)按工程质量要求、技术条件、耐久性、经济效果、非临时性工程等因素,来选择适当的涂料品种。不应将优质品种降格使用,也不应勉强使用达不到性能指标的品种。

(5)各种涂料性能,见表4—2。

表4—2　各种涂料性能比较表

涂料种类	优点	缺点
油脂类	耐大气性较好;适用于室内外作打底罩面用;价廉;涂刷性能好,渗透性好	干燥较慢、膜软;力学性能差;水膨胀性大;不能打磨抛光;不耐碱
天然树脂漆	干燥比油脂漆快;短油度的漆膜坚硬好打磨;长油度的漆膜柔韧,耐大气性好	力学性能差;短油度的耐大气性差;长油度的漆不能打磨、抛光
酚醛树脂漆	漆膜坚硬,耐水性良好;纯酚醛的耐化学腐蚀性良好;有一定的绝缘强度;附着力好	漆膜较脆;颜色易变深;耐大气性比醇酸漆差,易粉化;不能制白色或浅色漆
沥青漆	耐潮、耐水好;价廉;耐化学腐蚀性较好;有一定的绝缘强度;黑度好	色黑;不能制白及浅色漆;对日光不稳定;有渗色性;白干漆,干燥不爽滑
醇酸漆	光泽较亮,耐候性优良;施工性能好,可刷、可喷、可烘;附着力较好	漆膜较软;耐水、耐碱性差;干燥较挥发性慢;不能打磨
氨基漆	漆膜坚硬,可打磨抛光;光泽亮,丰满度好;色浅,不易泛黄;附着力较好;有一定耐热性;耐候性好;耐水性好	需高温下烘烤才能固化;经烘烤过度,漆膜发脆
硝基漆	干燥迅速;耐油;漆膜坚韧;可打磨抛光	易燃;清漆不耐紫外线;不能在60 ℃以上温度使用
纤维素漆	耐大气性、保色性好;可打磨抛光;个别品种有耐热、耐碱性,绝缘性也好	附着力较差;耐潮性差;价格高
过氯乙烯漆	耐候性优良;耐化学腐蚀性优良;耐水、耐油、防延燃性好;三防性能较好	附着力较差;打磨抛光性能较差;不能在70 ℃以上高温使用

涂料种类	优点	缺点
乙烯漆	有一定柔韧性;色泽浅淡;耐化学腐蚀性较好;耐水性好	耐溶剂性差;固体分低;高温易碳化;清漆不耐紫外线
丙烯酸漆	漆膜色浅,保色性良好;耐候性优良;有一定耐化学腐蚀性;耐热性较好	耐溶剂性差
聚酯漆	固体分高;耐一定的温度;耐磨能抛光;有较好的绝缘性	干性不易掌握;施工方法较复杂;对金属附着力差
环氧漆	附着力强;耐碱、耐溶剂;有较好的绝缘性能;漆膜坚韧	室外曝晒易粉化;保光性差;色泽较深;漆膜外观较差
聚氨酯漆	耐磨性强,附着力好;耐潮、耐水、耐溶剂性好;耐化学和石油腐蚀;具有良好的绝缘性	漆膜易转化、泛黄;对酸、碱、盐、醇、水等物很敏感,因此施工要求高;有一定毒性
有机硅漆	耐高温;耐候性极优;耐潮、耐水性好;其有良好的绝缘性	耐汽油性差;漆膜坚硬较脆;一般需要烘烤干燥;附着力较差
橡胶漆	耐化学腐蚀性强;耐水性好;耐磨	易变色;清漆不耐紫外线;耐溶性差;个别品种施工复杂

3. 涂料准备和预处理

涂料选定后,通常要进行以下处理操作程序,然后才能施涂。

(1)开桶:开桶前应将桶外的灰尘、杂物除尽,以免其混入油漆桶内。同时对涂料的名称、型号和颜色进行检查,是否与设计规定或选用要求相符合,检查制造日期,是否超过贮存期,凡不符合的应另行研究处理。若发现有结皮现象,应将漆皮全部取出,以免影响涂装质量。

(2)搅拌:将桶内的油漆和沉淀物全部搅拌均匀后才可使用。

(3)配比:对于双组分的涂料使用前必须严格按照说明书所规定的比例来混合。双组分涂料一旦配比混合后,就必须在规定的时间内用完。

(4)熟化:两组分涂料混合搅拌均匀后,需要过一定熟化时间才能使用,对此应引起注意,以保证漆膜的性能。

(5)稀释:有的涂料因贮存条件、施工方法、作业环境、气温的高低等不同情况的影响,在使用时,有时需用稀释剂来调整黏度。

(6)过滤:过滤是将涂料中可能产生的或混入的固体颗粒、漆皮或其他杂物滤掉,以免这些杂物堵塞喷嘴及影响漆膜的性能及外观。通常可以使用 80～120 目的金属网或尼龙丝筛进行过滤,以达到质量控制的目的。

4. 涂层结构形式

(1)底漆—中间漆—面漆。底漆附着力强、防锈性能好;中间漆兼有底漆和面漆的性能,是理想的过渡漆,特别是厚浆型的中间漆,可增加涂层厚度;面漆防腐、耐候性好。底、中、面结构形式,既发挥了各层的作用,又增强了综合作用,是目前国内、外采用较多的涂层结构形式。

(2)底漆—面漆。只发挥了底漆和面漆的作用,明显不如第一种形式。

(3)底漆和面漆是一种漆。有机硅漆多用于高温环境,因没有有机硅底漆,只好把面漆也作为底漆用。

5. 涂层的配套性

(1)由于底漆、中间漆和面漆的性能不同,在整个涂层中的作用也不同。底漆主要起附着和防锈的作用,面漆主要起防腐蚀作用,中间漆的作用介于两者之间。所以底漆、中间漆和面漆都不能单独使用,要发挥最好的作用和获得最好的效果必须配套使用。

(2)由于各种涂料的溶剂不相同,选用各层涂料时,如配套不当,就容易发生互溶或"咬底"的现象。

(3)面漆的硬度应与底漆基本一致或略低些。

(4)注意各层烘干方式的配套,在涂装烘干型涂料时,底漆的烘干温度（或耐温性）应高于或接近面漆的烘干温度，反之，易产生涂层过烘干现象。

6. 涂层厚度的确定

涂层厚度的确定，应考虑钢材表面原始状况，钢材除锈后的表面粗糙度，选用的涂料品种，钢结构使用环境对涂料的腐蚀程度，预想的维护周期和涂装维护的条件。

涂层厚度应根据需要来确定，过厚虽然可增强防腐力，但附着力和机械性能都要降低；过薄易产生肉眼看不到的针孔和其他缺陷，起不到隔离环境的作用。钢结构涂装涂层厚度，见表4—3。

表 4—3　钢结构涂装涂层厚度（单位：μm）

涂料种类	基本涂层和防护涂层					附加涂层
	城镇大气	工业大气	化工大气	海洋大气	高温大气	
醇酸漆	100～150	125～175	—	—	—	25～50
沥青漆	—	—	150～210	180～240	—	30～60
环氧漆	—	—	150～200	75～225	150～200	25～50
过氯乙烯漆	—	—	160～200	—	—	20～40
丙烯酸漆	—	100～140	120～160	140～180	—	20～40
聚氨酯漆	—	100～140	120～160	140～180	—	20～40
氯化橡胶漆	—	120～160	140～160	160～200	—	20～40
氯磺化聚乙烯漆	—	120～160	140～180	160～200	120～160	20～40
有机硅漆	—	—	—	—	100～140	20～40

【技能要点 4】钢结构涂装基本操作技术

1. 刷防锈漆

用设计要求的防锈漆在金属结构上满刷一遍。如原来已刷过防锈漆，应检查其有无损坏及有无锈斑。凡有损坏及锈斑处，应将原防锈漆层铲除，用钢丝刷和砂布彻底打磨干净后，再补刷防锈漆一遍。

采用油基底漆或环氧底漆均匀地涂或喷在金属表面上,施工时将底漆的黏度调到喷涂为 18～22 St ,刷涂为 30～50 St。

涂底漆一般应在金属结构表面清理完毕后就施工,否则金属表面又会重新氧化生锈。涂刷方法是油刷上下铺油(开油),横竖交叉地将油刷匀,再把刷迹理平。

底漆以自然干燥居多,使用环氧底漆时也可进行烘烤,质量比自然干燥要好。

2. 局部刮腻子

待防锈底漆干透后,将金属面的砂眼、缺棱、凹坑等处用石膏腻子刮抹平整。石膏腻子质量配合比为:石膏粉：熟桐油：油性腻子或醇酸腻子：底漆：水＝20：5：10：7：45。

采用油性腻子和快性腻子(配方见表 4—4)。用油性腻子一般在 12～24 h 才能全部干燥;而用快干腻子干燥较快,并能很好地粘附于所填嵌的表面,因此在部分损坏或凹陷处使用快干腻子可以缩短施工周期。也可用铁红醇酸底漆 50％加光油 50％混合拌匀,并加适量石膏粉和水调成腻子打底。

腻子刮涂时,用橡皮刮和钢刮刀先在局部凹陷处填平,一般第一道腻子较厚,因此在拌和时应酌量减少油分,增加石膏粉用量,可一次刮成,不必求得光滑。第二道腻子需要平滑光洁,因而在拌和时可增加油分,腻子调得薄些,每次刮完腻子待干燥后加以砂磨,抹除灰尘后,涂刷一层底漆,然后再上一层腻子。刮腻子的层数应视金属结构的不同情况而定。金属结构表面一般可刮 2～3道。

表 4—4　快性腻子配方

腻子名称	俗称	配合比	用途及使用方法
油性原漆腻子	油填密	石膏粉：原漆：熟桐油：汽油或松香水＝3：2：1：0.7 或 0.6,酌加少量炭黑、水和催干剂	适用于预先涂有底漆的金属表面不平处作填嵌用

腻子名称	俗称	配合比	用途及使用方法
环氧腻子	自干腻子	是造漆厂的现成产品,从桶内取出即可使用,腻子太稀可酌加石膏粉或铅粉。如果干硬可加光油或二甲苯稀释	用于金属物面填平,干结后非常坚硬难磨
喷漆腻子	快干腻子	用芯粉或石膏粉加入适量喷漆拌和再加水即成。喷漆:香蕉水:芯粉=1:1:8	用于喷好头道面漆后填补砂眼缺陷用

　　每刮完一道腻子待干后要进行砂磨,头道腻子比较粗糙可用粗铁砂布垫木块砂磨;第二道腻子可用细铁砂或 240 号水砂纸砂磨;最后两道腻子可用 400 号水砂纸仔细地打磨光滑。

　　3. 喷漆操作

　　先喷头道底漆,黏度控制在 20~30 St、气压 0.4~0.5 MPa,喷枪距物面 20~30 cm,喷嘴直径以 0.25~0.3 cm 为宜。先喷次要面,后喷主要面。干后用快干腻子将缺陷及细眼找补填平;腻子干透后,用水砂纸将刮过腻子的部分和涂层全部打磨一遍,擦净灰迹待干后再喷面漆,黏度控制在 18~22 St。喷涂底漆和面漆的层数要根据产品的要求而定。面漆一般可喷 2~3 道,要求高的物件(如轿车)可喷 4~5 道。每次都用水砂打磨,越到面层要求水砂越细,质量越高。如需增加面漆的亮度,可在漆料中加入硝基清漆(加入量不超过 20%),调到适当黏度(15 St)后喷1~2 遍。

　　凡用于喷漆的一切油漆,使用时必须掺加相应的稀释剂或相应的稀料,掺量以能顺利喷出成雾状为准(一般为漆重的 1 倍左右)。应过 0.125 mm 孔径筛清除杂质。一个工作物面层或一项工程上所用的喷漆量宜一次配够。

喷漆注意事项如下：

（1）在喷漆施工时应注意通风、防潮、防火。工作环境及喷漆工具应保持清洁，气泵压力应控制在 0.6 MPa 以内，并应检查安全阀是否失灵。

（2）在喷大型工件时可采用电动喷漆枪或用静电喷漆。

（3）使用氨基醇酸烘漆时要进行烘烤，物件在工作室内喷好后应先放在室温中流平 15～30 min，然后再放入烘箱。先用低温 60 ℃烘烤 30 min，再按烘漆预定的烘烤温度（一般在 120 ℃左右）进行恒温烘烤 1.5 h，最后降温至工件干燥出箱。

4. 涂刷操作

涂刷必须按设计和规定的层数进行。涂的层数主要目的是保护金属结构的表面经久耐用，所以必须保证涂刷层次及厚度，这样，才能消除涂层中的孔隙，以抵抗外来的侵蚀，达到防腐和保养的目的。

（1）涂第一遍油漆应符合下列规定：

1）分别选用带色铅油或带色调合漆、磁漆涂刷，但此遍漆应适当掺加配套的稀释剂或稀料，以达到盖底不流淌、不显刷迹。冬季施工宜适当加些催干剂（铅油用铅锰催干剂），掺量为 2%～5%（质量比）；磁漆等可用钴催干剂，掺量一般小于 0.5%。涂刷时厚度应一致，不得漏刷。

催干剂简介

1. 催干剂的性能要求

优良的催干剂应具有以下要求：

（1）在常温下能均匀地扩散在清漆或磁漆中。

（2）使用量较少，便能达到催干的效能。

（3）颜色浅，调稀后不发生沉淀、混浊和不加深白漆的颜色。

（4）贮存稳定性好，不易被颜料吸收和影响干性。

2. 常用催干剂种类

（1）金属氧化物及盐类。金属氧化物如二氧化锰、氧化铅

（黄丹）、氧化锌等；盐类如醋酸铅、醋酸钴、氯化钴等。它们是使用最早的催干剂，以固体形式加到热的干性油中。在涂料干燥的最初阶段，油被氧化后，进一步与金属氧化物或盐反应，使金属进入到溶液中去，随即产生催干作用。因这种催干剂活性低，使用不方便，至今除了某些土法热熟油外，已较少使用。

（2）亚油酸盐和松香酸盐。是用亚麻仁油或松香与金属氧化物或盐反应制成浓缩的亚油酸盐或松香酸盐，然后用 200 号溶剂汽油或松节油溶解而成。这类催干剂的特点是制造方法简便，成本较低；缺点是其分散性较差，尤其在贮存过程中，因为不饱和酸的氧化，丧失了在油和溶剂中的溶解性能而沉淀析出。

（3）环烷酸基（萘酸盐）。环烷酸是使用广泛的催干剂，它在贮存过程中性质稳定，溶液的黏度低，而且活性高，在各种涂料中的分散性能好，因而可用较少量的催干剂，而获得同样的干燥速率。

（4）液体催干剂——乙基己酸盐类。它的催干能力虽然不高，但可获得较浅的颜色，如与钴、锰催干剂共用，可得到一种浅色有效的混合催干剂。

3. 各类催干剂的作用

（1）铅催干剂。主要促进聚合作用，促进漆膜表面和内层同时干燥，所以催干作用比较均匀，且能达到漆膜的深处。所得漆膜性能好、坚韧、耐水性良好，它的用量比较大，一般为含油量的 0.05％～2％（按金属计算）；主要缺点是溶解性差，加入油内，容易发生混浊和沉淀。多与钴、锰等催干剂配合使用。

（2）钴催干剂。主要促进氧化反应，催干能力比较强，用量很少就能发挥作用，促使漆膜表面迅速干燥。如果单独使用或用量太多，就会造成漆膜表面干燥而底层不干，甚至会引起皱皮等缺陷。因此其用量很小，且较少单独使用，一般最大用量为含油量的 0.13％（按钴金属计算），它常与铅、锰催干剂混合使用，一般用量为 0.03％。

(3)锌催干剂。是辅助催干剂,一般不能单独使用。它与钴催干剂同时使用,能避免皱皮,与铅催干剂同时使用可防止沉淀,一般用量0.15%。

(4)锰催干剂。它既能促进氧化,又能促进聚合,其催干作用介于钴、铅催干剂之间。所以在一般油漆中常用。但白色油漆中不宜采用,它能使颜色变深,容易泛黄。单独用量为0.12%,通常与其他催干剂混合使用。

(5)铁催干剂。多用于烘漆(如沥青烘漆),增加漆膜硬度。

(6)钙催干剂。为辅助催干剂,其效果与锌催干剂差不多,单独用量为0.09%。

4. 催干剂的使用要求

通常催干剂常以几种催干剂混合使用,因为混合使用,活性较大,而且可以取长补短,获得单一催干剂所不能得到的性能。

一般涂料在出厂时,均已加入获得漆膜所需的足够量的催干剂。因此在施工时,一般不必补加催干剂,如在冬天或较冷天气施工,或因油漆贮存过久,而干性减退时,可以补加一定量的催干剂,以调节干燥性能。

有人认为既然催干剂有催干作用,是否用量越多,干燥越快,事实并非是这样。干燥的速率并不与催干剂用量成正比,在一定范围内可以,但超过一定数量之后,干燥速度反而下降,同时还能引起漆膜起皱。另外催干剂过多,亦会促进漆膜老化。

2)复补腻子:如果设计要求有此工序时,将前数遍腻子干缩裂缝或残缺不足处,再用带色腻子局部补一次,复补腻子与第一遍漆色相同。

3)磨光:如设计有此工序(属中、高级油漆),宜用1号以下细砂布打磨,用力应轻而匀,注意不要磨穿漆膜。

(2)刷第二遍油漆应符合下列规定:

1)如为普通油漆,为最后一层面漆。应用原装油漆(铅油或调合漆)涂刷,但不宜掺催干剂。

2)磨光:设计要求此工序(中、高级油漆)时,与上相同。

3)潮布擦净:将干净潮布反复在已磨光的油漆面上揩擦干净,注意擦布上的细小纤维不要被沾上。

5. 漆膜质量检查

漆膜质量的好坏,与涂漆前的准备工作和施工方法等有关。涂料品种多,使用的方法也不完全一样,使用时有的需按比例混合,有的需加入固化剂等。因此,使用涂料的组成、性能等必须符合设计要求,并且要注意涂料不能乱混合,不能把不同型号的产品混在一起。即使用同一型号的产品,但是属不同厂家生产的,也不宜彼此互混。

色漆在使用时应搅拌均匀。因为任何色漆在存放中,颜料和粉质颜料多少都有些沉淀,如有碎皮或其他杂物,必须清除后方可使用。色漆不搅匀,不仅使涂漆工件颜色不一,而且影响遮盖力和漆膜的性能。根据选用的涂漆方法的具体要求,加入与涂料配套的稀释剂,调配到合适的施工浓度。已调配好的涂料,应在其容器上写明名称、用途、颜色等,以防拿错。涂料开桶后,需密封保存,且不宜久存。

涂漆施工的环境要求随所用涂料不同而有差异。一般要求施工环境温度不低于5℃,空气相对湿度不大于85%。由于温度过低会使涂料黏度增大,涂刷不易均匀,漆膜不易干燥;空气相对湿度过大,易使水汽包在涂层内部,漆膜容易剥落。故不应在雨、雾、雪天进行室外施工。在室内施工应尽量避免与其他工种同时作业,以免灰尘落在漆膜表面影响质量。

涂料施工时,应先进行试涂。每涂覆一道,应进行检查,发现不符合质量要求的(如漏涂、剥落、起泡、透锈等缺陷),应用砂纸打磨,然后补涂。

明装系统的最后一道面漆,宜在安装后喷涂,这样可保证外表美观,颜色一致,无碰撞、脱漆、损坏等现象。

漆膜外观要求漆膜均匀,不得有堆积、漏涂、皱皮、气泡、掺杂及混色等缺陷。

6. 漆厚标准

涂料和涂刷厚度应符合设计要求。如涂刷厚度设计无要求时,一般涂刷 4～5 遍。漆膜总厚度:室外为 125～175 μm,室内为 100～150 μm。配置好的涂料不宜存放过久,使用时不得添加稀释剂。《钢结构工程施工质量验收规范》(GB 50205—2001)规定的涂刷厚度与国外涂层厚度相比还有一定差距。德国 DIN 标准对涂底层的规定,见表 4—5。

表 4—5　德国涂底层标准(DIN)

层次	涂铅丹质量(g/m^2)	涂层厚度(μm)
第一层底漆	喷涂 250	喷涂 40
	刷涂 200	刷涂 50
第二层底漆	喷涂 230	喷涂 40
	刷涂 200	刷涂 50

7. 应注意的质量问题

(1)油漆油膜的作用是将金属表面和周围介质隔开,起保护金属不受腐蚀。油膜应该连续无孔,无漏涂、起泡、露底等现象。因此,油漆的稠度既不能过大,也不能过小,稠度过大不但浪费油漆,还会产生脱落、卷皮等现象;稠度过小会产生漏涂、起泡、露底等现象。

(2)在涂刷第二层防锈底漆时,第一道防锈底漆必须彻底干燥;否则会产生漆层脱落。

(3)注意油漆流挂。在垂直表面上涂漆,部分漆液在重力作用下产生流挂现象。其原因是漆的黏度大、涂层厚、漆刷的毛头长而软,涂刷不开,或是掺入干性的稀释剂。此外,喷漆施工不当也会造成流挂。

消除方法:除了选择适当厚度的漆料和干性较快的稀释剂外,在操作时做到少蘸油、勤蘸油、刷均匀、多检查、多理顺。漆刷应选得硬一点。喷漆时,喷枪嘴直径不宜过大,喷枪距物面不能过近,压力大小要均匀。

（4）注意油漆皱纹。漆膜干燥后表面出现不平滑，收缩成皱纹。其原因是漆膜刷得过厚或刷油不匀；干性快和干性慢的油漆掺合使用或是催干剂加得过多，产生外层干、里层湿；有时涂漆后在烈日下曝晒或骤热骤冷以及底漆未干透，也会造成皱皮。

（5）注意油漆发黏。油漆超过一定的干燥期限而仍然有黏指现象。其原因是底层处理不当，物体上沾有油质、松脂、蜡、酸、碱、盐、肥皂等残迹。此外，底漆未干透便涂面漆（树脂漆例外）或加入过多的催干剂和不干性油，物面过潮、气温太低或不通气等都会影响漆膜的干结时间；有时漆料贮藏过久也会发黏。

消除方法：按上述产生发黏原因纠正。

（6）注意油漆粗糙。漆膜干后用手摸似有痱子颗粒感觉。其原因是由于施工时尘灰沾在漆面上，漆料中有污物、漆皮等未经过滤；漆刷上有残漆的颗粒和砂子，喷漆时工具不洁或是喷枪距物面太远、气压过大等都会使漆膜粗糙。

消除方法：搞好环境和使用工具的清洁，漆料要经过滤，改善喷漆施工方法。

（7）注意油漆脱皮。漆膜干后发生局部脱皮，甚至整张揭皮现象。其原因是漆料质量低劣；漆内含松香成分太多或稀释过薄使油分减少；物面沾有油质、蜡质、水气等或底层未干透（如墙面）就涂面漆；物面太光滑（如玻璃，塑料），没有进行粗糙处理等也会造成脱皮。

消除方法：除针对上述原因进行处理外，金属制品最好进行磷化处理。

（8）注意油漆露底。经涂刷后透露底层颜色。其原因是漆料的颜料用量不足，遮盖力不好，或掺入过量的稀释剂；此外漆料有沉淀未经搅拌就使用。

消除方法：应选择遮盖力较好的漆料，在使用前漆料要经充分搅拌，一般不要掺加稀释剂。

（9）注意油漆出现气泡、针孔。漆膜上出现圆形小圈，状如针刺的小孔。一般是以清漆或颜料含量比较低的磁漆，用浸渍、喷涂或滚涂法施工时容易出现。主要原因是有空气泡存在,颜料的湿润性不佳,或者是漆膜的厚度太薄,所用稀释料不佳,含有水分,挥发不平衡;喷涂方法不善。此外,烘漆初期结膜时受高温烘烤,溶剂急剧回旋挥发,漆膜本身及补足空档而形成小穴出现针孔。

消除方法:针对上述不同的原因采取相应的处理办法。喷漆时要注意施工方法和选择适当的溶剂来调整挥发速度,烘漆时要注意烘烤温度,工件进入烘箱不能太早,沥青漆不能用汽油稀释。

第三节 钢构件防腐涂料施工

【技能要点 1】过氯乙烯漆

1. 材料要求及配制涂层

过氯乙烯漆分底漆、磁漆和清漆,其常用品种的质量要求及性能用途,见表 4—6。底、磁、清漆必须配套使用。

表 4—6 过氯乙烯漆常用品种的质量要求、性能及用途

涂料名称	技术指标				性能及用途
	漆膜颜色及外观	黏度(涂—4黏度计,25 ℃)(×10^{-4} m²/s)	干燥时间(25 ℃±1 ℃,相对湿度65%±5%)(h)	附着力(级)	
G07-3 各色过氯乙烯腻子	色调不规定,腻子膜应平整,无明显粗粒	—	≤3	—	耐候、防潮、防霉性比油性腻子好,干燥较快,用于填充过氯乙烯底漆的钢材表面
G06-4 铁红过氯乙烯底漆	铁红,色调不规定,漆膜平整,无粗粒	60~140	—	≤2	有较好的耐腐蚀性能及一定的附着力,用于钢材表面打底

续上表

涂料名称	技术指标				性能及用途
	漆膜颜色及外观	黏度(涂-4黏度计,25℃)(×10⁻⁴ m²/s)	干燥时间(25℃±1℃,相对湿度65%±5%)(h)	附着力(级)	
G52-31 各色过氯乙烯	符合标准样板及色差范围,漆膜平整光亮	30～75	—	≤3	有优良的耐腐蚀性能,防霉和防潮性均较好,与过氯乙烯底漆配套用于防腐漆钢铁表面上
G52-1 过氯乙烯防腐清漆	浅黄色透明溶液,无显著机械杂质	20～50	—	—	有优良的耐腐蚀性能,并能防霉、防潮、防水,但附着力差。用于设备、管道防腐
X08-1 各色乙酸乙烯无光乳胶漆	符合标准样板及色差范围,平整无光	15～45 (加20%水测定)	≤2	—	附着力较好,耐碱,对基层干燥要求不高,干燥快,可用水稀释
G06-1 铁红醇酸底漆	漆膜平整无光,色调不规定	60～120	≤24	—	有较好的附着力和防锈能力,在湿热条件下耐久性差。用于作防锈底漆
H06-2 铁红环氧底漆	铁红,色调不规定,漆膜平整	50～70	≤36	≤1	漆膜坚韧耐久,附着力好,可用于湿热地带,作钢铁表面打底
X06-1 乙烯基磷化底漆	黄绿色半透明	30～70 (未加磷化液前)	—	≤1	供增强附着力用,能代替钢铁磷化处理,但不能代替配套底漆

涂覆层数一般不少于 6 层在金属基层上为磷化底漆一层、底漆一层、磁漆二层、磁漆过渡漆一层、清漆二层。底漆与磁漆或磁漆与清漆间的过渡均系由两种漆按 1：1 混合。

2. 施工要点

(1)刷(喷)涂前,须先用过氯乙烯清漆打底,然后再涂过氯乙烯底漆;在金属基层上,当用人工除锈时,宜用铁红醇酸底漆或铁红环氧底漆打底;当用喷砂处理时,应先涂一层乙烯磁化底漆打底,再用过氯乙烯底漆打底,底漆实干后,再依次进行各层涂刷。

(2)施工黏度(涂－4 黏度计,下同)为刷涂时,底漆为 30～40St,磁漆、清漆、过渡漆为 20～40St ;喷涂时为 15～15St。黏度调整用 X－3 过氯乙烯稀释剂,严禁用醇类或汽油。若采用铁红醇酸底漆,稀释剂可用二甲苯或松节油。磁化底漆可用丁醇和乙醇[(1～3)：1]稀释剂调整。

(3)每层过氯乙烯漆(底漆除外)应在前一层漆实干前涂覆(均干燥 2～3 h),宜连续施工,如漆膜已实干应先用 X-3 过氯乙烯漆稀释剂喷润或揩涂一遍,手工涂刷要一上一下刷两下,手轻动作快,不应往复进行,全部施工完毕应在常温下干燥 7 d 方可使用。

【技能要点 2】酚醛漆

1. 材料要求及配制

酚醛漆品种及其配套底漆有 F53—31 红丹酚醛防锈漆、F50—31 各色酚醛耐酸漆、F01—1 酚醛清漆、F06—8 铁红酚醛底漆,T07—2 灰酯胶腻子等,其质量要求见表 4—7。

填料有瓷粉、辉绿岩粉、石墨粉、石英粉等,细度要求 4 900 孔/ cm² 筛余不大于 15％,使用时须干燥。

稀释剂常用有溶剂汽油、松节油、乙醇、丙酮或苯等。

2. 施工要点

(1)涂覆方法有刷涂、喷涂、浸涂和真空浸渍等,一般采用刷涂法。

(2)在金属基层可直接用红丹酚醛防锈漆或铁红酚醛底漆打底,或不用底漆而直接涂刷酚醛耐酸漆。

表 4—7 酚醛漆及其配套底漆的质量要求

涂料名称	技术指标				性能及用途
	漆膜颜色及外观	黏度(涂—4黏度计,25 ℃)(×10⁻⁴ m²/s)	干燥时间(25 ℃±1 ℃,相对湿度65%±5%)(h)	附着力(级)	
F06-8 铁红酚醛底漆	铁红,色调不规定,漆膜平整	60～100	≤24	≤1	有良好的附着力和防锈性能,适用于钢铁表面
F53-31 红丹酚醛防锈漆	橘红,漆膜平整,允许略有刷痕	40～80	≤24	—	防锈性能好,适用于钢铁表面防锈打底
F50-31 各色酚醛耐酸漆	符合标准样板及色差范围,漆膜平滑均匀	90～120	≤14	—	干燥较快,有一定耐酸性,用于酸性气体侵蚀场所的金属表面
F01-1 酚醛清漆	透明液体	60～90	≤18	—	有良好的耐酸和耐候性,漆膜较硬,能耐沸水
T07-2 灰酯胶腻子	灰色,色调不规定,涂刮后腻子应平整,无明显粗粒、擦痕、气泡,干后无裂纹		≤24	—	成膜性能较好,可自然干燥,易打磨,用于填平钢铁表面

(3)底漆实干后,再涂刷其余各遍漆,涂刷层数一般不少于三

层,涂刷进的施工黏度为 30~50St ,每层漆应在前一层漆实干后涂刷,施工间隔一般为 24 h。

【技能要点 3】环氧漆

1. 材料要求及配制

常用环氧漆有 H06—2 铁红环氧底漆、环氧沥青底漆、H52—33 各色环氧防腐漆、H01—1 环氧清漆、H01—4 环氧沥青漆以及 H07—5 各色环氧酯腻子等牌号。环氧漆也可自配,配合比为 6101 环氧树脂∶乙二胺∶邻苯二甲酸二丁酯∶丙酮(或乙醇)∶填料=100∶(6~8)∶10∶(20~30)∶(25~30),其质量要求,见表 4—8。

表 4—8　环氧漆及其配套底漆的质量要求

涂料名称	技术指标				性能及用途
	漆膜颜色及外观	黏度(涂—4黏度计,25 ℃)($\times 10^{-4}$ m²/s)	干燥时间(25 ℃±1 ℃,相对湿度65%±5%)(h)	附着力(级)	
H07-5各色环氧酯腻子	色调不规定,涂刮后腻子层应平整,无明显粗粒,无擦痕,无气泡,干后无裂纹	—	≤24	—	漆膜坚硬,耐潮性好,与底漆有良好的附着力,可供预先涂有底漆的金属表面填平用。铁红色为烘干,淡灰色为白干
H06-2铁红环氧底漆	铁红,色调不规定,漆膜平整	50~70	≤36	≤1	漆膜坚韧耐久,附着力好,与磷化底漆配套使用时可提高漆膜防潮、防盐雾、防锈性能。可用于沿海地区湿热地带。适用于黑色金属表面打底

涂料名称	技术指标				性能及用途
	漆膜颜色及外观	黏度(涂—4黏度计,25 ℃)(×10⁻⁴ m²/s)	干燥时间(25 ℃±1 ℃)相对湿度65%±5%)(h)	附着力(级)	
H06-1 云铁环氧沥青底漆(分装)	红褐色,色调不规定,平光	—	≤24	≤2	漆膜坚韧耐久,附着力好,防锈性能强,适用于钢铁表面打底
H52-33 各色环氧防腐漆(分装)	奶白、灰色、黑色,近似标准样板,无可见的粗粒	30(用80g涂料,20g二甲苯测定)	≤24	—	附着力好,耐盐水性能良好,有一定的耐溶剂和耐碱性,漆膜坚韧耐久,常温干燥,适用于大型钢铁结构防腐涂料
H01-1 环氧清漆（分装）	透明,无机械杂质	60~90	≤24	—	有良好的附着力,有较好的耐水、抗潮性,常温干燥,可用于铝、镁等金属打底
H01-4 环氧沥青漆(分装)	黑色光亮	40~100	≤24	≤3	有很好的耐水性,附着力好,一次可涂较厚的涂层,能常温干燥

填料用石墨粉、石英粉、辉绿岩粉、瓷粉,细度要求 4 900 孔/ cm²,筛余不大于 15%。

配制方法与环氧树脂胶泥配制方法相同。环氧漆为双组分包装使用时应随用随配。

2. 施工要点

(1)施工采用刷涂或喷涂。施工黏度:刷涂时为 30～40St ;喷涂时为 18～25St ,调整黏度,环氧酯底漆、环氧漆用环氧稀释剂(二甲苯:丁醇=7:3),环氧沥青漆用环氧沥青漆稀释剂(甲苯:丁醇:环已酮二氯化苯=79:7:7:7)。

(2)金属基层直接用环氧底漆或环氧沥青底漆打底。底漆实干后,再涂刷其他各层漆。

(3)环氧漆的涂漆层数一般不少于 4 层,每层在前一层实干前涂覆,间隔约 6～8 h ,最后一层常温干燥 7 天方可使用。

【技能要点 4】聚氨酯漆

1. 材料要求及配制

聚氨基甲酸酯漆为配套用漆,可与底、磁、清漆配套使用,使用时按规定的组分配制。包括 S07—1 聚氨基甲酸酯腻子、S06—2 铁红聚氨基甲酸酯底漆、S06—2 棕黄聚氨基甲酸酯底漆、S04—4 灰聚氨基甲酸酯磁漆、S01—2 聚氨基甲酸酯清漆,其质量要求见表 4—9。配制时,按组分计量,依次加入充分搅匀即可使用。配好的漆应在 3～5 h 内用完。

2. 施工要点

(1)在金属基上,直接用棕黄聚氨酯底漆打底,再涂过渡漆和清漆。过渡漆用 S06—2 底漆和 S04—4 磁漆按 1:1 配合。

(2)当为金属基层时,一般为 4～5 层,即一层棕黄底漆,一层过渡漆,2～3 层清漆。

(3)施工宜用涂刷,施工黏度 30～50St ,黏度过大用 X—11 聚氨酯稀释剂或二甲苯调整,每层漆在前一层漆实干前涂覆,常温间隔一般为 8～20 h。全部刷完养护 7 d 后交付使用。

表 4—9　聚氨酯漆配套组分及质量要求

涂料名称	组分号数				技术指标		
	组分一	组分二	组分三	组分四	漆膜颜色及外观	干燥时间（25 ℃±1 ℃相对湿度 65%±5%）(h)	附着力（级）
S06-2 铁红聚氨酯底漆（分装）	预聚物	E42铁红环氧浆	二甲基乙醇胺	—	铁红，漆膜平整	≤24	≤2
S06-2 棕黄聚氨酯底漆（分装）	预聚物	E42棕黄环氧浆	二甲基乙醇胺	—	棕黄，漆膜平整	≤24	≤2
S04-4 灰聚氨酯磁漆（分装）	预聚物	E42灰环氧浆	二甲基乙醇胺	—	灰色，漆膜平整光亮	≤24	≤2
S01-2 聚氨酯清漆(分装)	314蓖麻油预聚物	E42环氧液	二甲基乙醇胺	—	黄或棕色，漆膜透明	≤24	≤2
聚氨酯腻子	314蓖麻油预聚物	E42环氧液	二甲基乙醇胺	腻子填料	—	—	—

【技能要点 5】沥青防腐漆

1. 材料要求及配制

常用沥青漆有 L50—1 沥青耐酸漆、L01—6 沥青漆、铝粉沥青漆、F53—31 红丹酚醛防锈漆，C06—1 铁红醇酸底漆等，其质量要求见表 4—10。现场亦可自行配制，配合比为 10 号石油沥青：松香：松节油：白节油：熟桐油：催干剂（二氧化锰）＝23.2：2.5：23：24：27：0.3。配制时，先将沥青加热熔化脱水，依次加入附加材料调匀,最后加入催干剂拌匀即成。

2. 施工要点

(1)施工应采用刷涂法,不宜用喷涂法。

(2)金属基层刷1~2遍铁红醇酸底漆或红丹防锈漆打底,亦可不刷底漆,直接涂刷沥青耐酸漆。

(3)施工黏度为18~50St,过黏可加入200号溶剂汽油或二甲苯稀释。

(4)涂刷层数一般不少于两遍,每遍间隔24 h,全部涂刷完毕经24~48 h干燥后,方可使用。

表4—10　沥青漆及其配套底漆的质量要求

涂料名称	技术指标				性能及用途
	漆膜颜色及外观	黏度(涂一4黏度计,25 ℃)(×10⁻⁴ m²/s)	干燥时间(25 ℃±1 ℃,相对湿度65％±5％)(h)	附着力(级)	
L50-1沥青耐酸漆	黑色,漆膜平整光滑	50~80	≤24	—	常温干燥,具有良好的耐酸性能,特别能耐硫酸腐蚀,并有良好的附着力
L01-6沥青清漆	黑色,漆膜平整光滑	20~30	≤2	≤2	具有良好的耐水、耐腐蚀、防潮性能,但力学性能较差,耐候性不好,不能用于户外或阳光直射的表面,主要用于容器或金属机械表面

续上表

涂料名称	技术指标				性能及用途
	漆膜颜色及外观	黏度(涂—4黏度计,25℃)(×10⁻⁴ m²/s)	干燥时间(25℃±1℃,相对湿度65%±5%)(h)	附着力(级)	
F53-31 红丹酚醛防锈漆	橘红,漆膜平整,允许略有刷痕	40~80	≤24	—	防锈性能好,用于钢铁结构钢铁器材表面防锈打底。因红丹与铝等起电化学作用,故不能在铝、锌与镀锌铁皮上直接涂刷,否则易起皮脱落
G06-1 铁红醇酸底漆	漆膜平整无光,色调不规定	60~120	≤24	≤1	附着力和防锈能力较好,与醇酸、过氯乙烯漆结合力好,一般气候耐久性好,湿热条件下耐久性差。作防锈底漆用
T07 灰酯胶腻子	灰色,色调不规定,涂刮后腻子层应平整,无明显粗粒,无擦痕,无气泡,干后无裂纹		≤24	—	成膜性能比石膏腻子好,但次于醇酸腻子和环氧腻子,涂刮性能较好,可自然干燥,易于打磨,用于填平钢铁表面

第四节 钢构件防火涂料施工

【技能要点1】防火涂料选用

钢结构防火涂料分为薄涂型和厚涂型两类,选用时应遵照以下原则:

对室内裸露钢结构、轻型屋盖钢结构及有装饰要求的钢结构,当规定其耐火极限在 1.5 h 以下时,应选用薄涂型钢结构防火材料。室内隐蔽钢结构、高层钢结构及多层厂房钢结构,当其规定耐火极限在 1.5 h 以上时,应选用厚涂型钢结构防火涂料。

当防火涂料分为底层和面层涂料时,两层涂料应相互匹配。且底层不得腐蚀钢结构,不得与防锈底漆产生化学反应,面层若为装饰涂料,选用涂料应通过试验验证。

【技能要点2】防火涂料施工要求

(1)钢结构防火涂料的生产厂家、检验机构、涂装施工单位均应具有相应资质,并通过公安消防部门的认证。

(2)钢结构表面的杂物应清除干净,其连接处的缝隙应用防火涂料或其他防火材料填补堵平后,方可施工。

(3)防火涂料施工应在室内装修之前和不被后续工程所损坏的条件下进行。施工时,对不需作防火保护的部位应进行遮蔽保护,刚施工的涂层,应防止脏液污染和机械撞击。

(4)施工过程中和涂层干燥固化前,环境温度宜保持在 5 ℃～38 ℃,相对湿度不宜大于 90%,空气应流通。当风速大于 5 m/s,或雨天和构件表面有结露时,不宜作业。

(5)防火涂料中的底层和面层涂料应相互配套,底层涂料不得腐蚀钢材。

(6)底涂层喷涂前应检查钢结构表面除锈是否满足要求,尘土杂物是否已清除干净。底涂层一般喷 2～3 遍,每遍厚度控制 2.5 mm 以内,视天气情况,每隔 8～24 h 喷涂一次,必须在前一遍基本干燥后喷涂。喷涂时,喷嘴应与钢材表面保持垂直,喷口至钢材表面距离以保持在 40～60 cm 为宜。喷涂时操作人员要随身携带测厚计检查涂层厚度，直到达到设计规定厚度方可停止喷涂。若设计要求涂层表面平整光滑时，待喷完最后一遍后应用抹灰刀将表面抹平。

（7）对于重大工程，应进行防火涂料的抽样检验。每使用100 t 薄型钢结构防火涂料，应抽样检查一次黏结强度，每使用 500 t 厚涂型防火涂料，应抽样检测一次黏结强度和抗压强度。

（8）薄涂型面涂层施工时，底涂层厚度要符合设计要求，并基本干燥后，方可进行面涂层施工；面涂层一般涂 1～2 次，颜色应符合设计要求，并应全部覆盖底层，颜色均匀、轮廓清晰、搭接平整；涂层表面有浮浆或裂纹的宽度不应大于 0.5 mm。

（9）厚涂型防火涂料宜采用压送式喷涂机喷涂，空气压力为 0.4～0.6 MPa，喷枪口直径宜为 6～10 mm。厚涂型涂料配料时应严格按配合比加料或加稀释剂，并使稠度适当，且应随用随配。

（10）厚涂型涂料施工时应分遍喷涂，每遍喷涂厚度宜为 5～10 mm，必须在前一遍基本干燥或固化后，再喷涂第二遍；喷涂保护方式、喷涂遍数与涂层厚度应根据施工工艺要求确定。操作者应用测厚仪随时检测涂层厚度，80％及以上面积的涂层总厚度应符合有关耐火极限的设计要求，且最薄处厚度不应低于设计要求的 85％。厚涂型涂料喷涂后的涂层，应剔除乳突，表面应均匀平整。

（11）厚涂型防火涂层出现涂层干燥固化不好、黏结不牢或粉化、空鼓、脱落；钢结构的接头、转角处的涂层有明显凹陷；涂层表面有浮浆或裂缝宽度大于 1.0 mm 等情况之一时，应铲除涂层重新喷涂。

【技能要点3】防火涂料涂装操作

1. 防火涂料配料、搅拌

粉状涂料应随用随配。

搅拌时先将涂料倒入混合机加水拌合 2 min 后，再加胶粘剂及钢防胶充分搅拌 5～8 min，使稠度达到可喷程度。

2. 喷涂

(1)正式喷涂前,应试喷一建筑层(段),经消防部门、质监站核验合格后,再大面积作业。

(2)喷涂时喷枪要垂直于被喷钢构件,距离 6～10 cm 为宜,喷涂气压应保持 0.4～0.6 MPa ,喷完后进行自检,厚度不够的部分再补喷一次。

(3)施工环境温度低于 5 ℃时不得施工,应采取外围封闭及加温措施,施工前后 48 h 保持 5 ℃以上为宜。

3. 涂装施工要点

(1)涂漆前应对基层进行彻底清理,并保持干燥,在不超过 8 h 内,尽快涂头道底漆。

(2)涂刷底漆时,应根据面积大小来选用适宜的涂刷方法。不论采用喷涂法还是手工涂刷法,其涂刷顺序均为先上后下、先难后易、先左后右、先内后外。保持厚度均匀一致,做到不漏涂、不流坠为好。待第一遍底漆充分干燥后(干燥时间一般不少于 48 h),用砂布、水砂纸打磨后,除去表面浮漆粉再刷第二遍底漆。

(3)涂刷面漆时,应按设计要求的颜色和品种的规定来进行涂刷,涂刷方法与底漆涂刷方法相同。对于前一遍漆面上留有的砂粒、漆皮等,应用铲刀刮去。对于前一遍漆表面过分光滑或干燥后停留时间过长(如两遍漆之间超过 7 d),为了防止离层应将漆面打磨清理后再涂漆。

(4)应正确配套使用稀释剂。当油漆黏度过大需用稀释剂稀释时,应正确控制用量,以防掺用过多,导致涂料内固体含量下降,使得漆膜厚度和密实性不足,影响涂层质量。同时应注意稀释剂与油漆之间的配套问题,油基漆、酚醛漆、长油度醇酸磁漆、防锈漆等用松香水(即 200 号溶剂汽油)、松节油;中油度醇酸漆用质量配合比为松香水∶二甲苯∶为 1∶1 的混合溶剂;短油度醇酸漆用二甲苯调配;过氯乙烯采用溶剂性强的甲苯、丙酮来调配。如果错用就会发生沉淀离析、咬底或渗色等病害。

【技能要点 4】防火涂料涂层厚度测定

1. 测针与测试图

测针(厚度测量仪),由针杆和可滑动的圆盘组成,圆盘始终保持与针杆垂直,并在其上装有固定装置,圆盘直径不大于 30 mm,以保持完全接触被测试件的表面。当厚度测量仪不易插入被插试件中,也可使用其他适宜的方法测试。

测试时,将测厚探针垂直插入防火涂层直至钢材表面上,记录标尺读数,如图 4—2 所示。

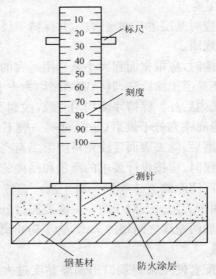

图 4—2　测厚度示意图

2. 测点选定

(1)楼板和防火墙的防火涂层厚度测定,可选相邻两纵、横轴线相交中的面积为一个单元,在其对角线上,按每米长度选一点进行测试。

(2)钢框架结构的梁和柱的防火涂层厚度测定,在构件长度内每隔 3 m 取一截面,按图 4—3 所示位置测试。

(3)桁架结构,上弦和下弦规定每隔 3 m 取一截面检测,其他

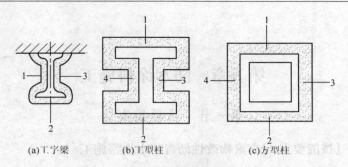

(a)工字梁　　　　(b)工型柱　　　　(c)方型柱

图 4—3　测点示意图

腹杆每一根取一截面检测。

3. 测量结果

对于楼板和墙面,在所选择面积中,至少测出 5 个点;对于梁和柱在所选择的位置中,分别测出 6 个和 8 个点。分别计算出它们的平均值,精确到 0.5 mm。

第五章　防水涂料施工

第一节　涂膜防水层

【技能要点1】高聚物改性沥青防水涂膜施工

1. 施工准备

(1)主要机具设备。

1)机械设备:搅拌器,吹尘器,铺布机具,物料提升设备等。

2)主要工具:大棕毛刷(板长 24～40 cm)、长把滚刷、油刷、大小橡皮刮板、笤帚、料桶、搅拌桶、剪刀、磅秤、抹子、铁锹等。

(2)工作条件。

1)基层施工完毕,检查验收,办理完隐蔽工程验收手续。表面应清扫干净,残留的灰浆硬块及突出部分应清除掉,整平修补、抹光。屋面与突出屋面结构连接处等部分阴阳角,做成半径为 20 mm 的圆弧或钝角。水泥砂浆基层表面应保持干燥,不得有起砂、开裂、空鼓等缺陷。

2)所有伸出屋面的管道、水落口等必须安装牢固,不得出现松动、变形、移位等现象。并做好附加层等增强处理。

3)施工环境温度在 5 ℃以上,雨雪、风沙、大风天气均不宜进行施工。

4)机具、材料均已备齐运至现场,并搭设好垂直运输设施。做好屋面施工的安全防护措施。

5)进场主体材料已经检测合格,胎体增强材料,辅助材料达到标准要求。

6)已进行技术交底。

2. 工艺流程

高聚物改性沥青防水涂料工艺流程(以二布六涂为例)。

3. 基层处理

将屋面清扫干净,不得有浮灰、杂物、油污等,表面如有裂缝或凹坑,应用防水胶与滑石粉拌成的腻子修补,使之平滑。

4. 涂刷基层处理剂

基层处理剂可以隔断基层潮气,防止涂膜起鼓、脱落,增强涂膜与基层的黏结。基层处理剂可用掺 0.2%～0.5% 乳化剂的水溶液或软化水将涂料稀释,其用量比例一般为防水涂料：乳化剂水溶液(或软水)＝1：(0.5～1)。对于溶剂型防水涂料,可用相应的溶剂稀释后使用;也可用沥青溶液(即冷底子油)作为基层处理剂,基层处理剂应涂刷均匀,无露底,无堆积。涂刷时,应用刷子用力薄涂,使涂料尽量刷进基层表面的毛细孔中。

5. 铺贴附加层

对一头(防水收头)、二缝(变形缝、分割缝)、三口(水落口、出入口、檐口)及四根(女儿墙根、设备根、管道根、烟囱根)等部位,均加做一布二油附加层,使黏贴密实,然后再与大面同时做防水层涂刷。

6. 刷第一遍涂料

涂料涂布应分条或按顺序进行。分条进行时,每条宽度应与胎体增强材料宽度一致,以免操作人员踩踏刚涂好的涂层。涂刷应均匀,涂刷不得过厚或堆积,避免露底或漏刷。人工涂布一般采用蘸刷法。涂布时先涂立面,后涂平面。涂刷时不能将气泡裹进涂层中,如遇起泡应立即用针刺消除。

7. 铺贴第一层胎体布,刷第二遍涂料

第一遍涂料经 2～4 h 表干(不粘手)后即可铺贴第一层胎体布,同时刷第二遍涂料。

铺设胎体增强材料时,屋面坡度小于 3% 时,应平行于屋脊铺设;屋面坡度大于 3% 小于 15% 时,可平行或垂直屋脊铺设,平行铺设能提高工效;屋面坡度大于 15% 时,应垂直于屋脊铺设。胎体长边搭接宽度不应小于 50 mm,短边搭接宽度不应小于 70 mm,收口处要贴牢,防止胎体露边、翘边等缺陷,排除气泡,并使涂料浸透布纹,防止起鼓等现象。铺设胎体增强材料时应铺平,不得有皱折,但也不宜拉得过紧。

胎体增强材料的铺设可采用湿铺法或干铺法:

湿铺法就是边倒料、边涂刷、边铺贴的操作方法。施工时,在已干燥的涂层上,将涂料仔细刷匀,然后将成卷的胎体增强材料平放,推滚铺贴于刚刷上涂料的屋面上,用滚刷滚压一遍,务必使全部布眼浸满涂料,使上下两层涂料能良好结合,铺贴胎体增强材料时,应将布幅两边每隔 1.5～2.0 m 间距各剪 15 mm 的小口,以利铺贴平整。铺贴好的胎体增强材料不得有皱折、翘边、空鼓等现象,不得有露白现象。

干铺法就是在上道涂层干燥后,边干铺胎体增强材料,边均匀满刮一道涂料。使涂料进入网眼渗透到已固化的涂膜上。采用干铺法铺贴的胎体增强材料如表面有部分露白时,即表明涂料用量不足,就应立即补刷。

8.刷第三遍涂料

上遍涂料实干后(约 12～14 h)即可涂刷第三遍涂料,要求及作法同涂刷第一遍涂料。

9.刷第四遍涂料,同时铺第二层胎体布

上遍涂料表干后即可刷第四遍涂胶料,同时铺第二层胎体布。铺第二层胎体布时,上下层不得相互垂直铺设,搭接缝应错开,其间距不应小于幅宽的 1/3。

10.涂刷第五遍涂料

上遍胶料实干后,即可涂刷第五遍涂料。

11. 淋水或蓄水检验

第五遍胶料实干后,厚度达到设计要求。可进行蓄水试验。方法是临时封闭水落口,然后蓄水,蓄水深度按设计要求,时间不少于 24 h。无女儿墙的屋面可做淋水试验,试验时间不少于 2 h,如无渗漏,即认为合格,如发现渗漏,应及时修补,再做蓄水或淋水试验,直至不漏为止。

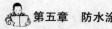

12. 涂第六遍涂料

经蓄水试验不漏后,可打开水落口放水。干燥后再刷第六遍涂料。

13. 施工注意事项

(1)涂刷基层处理剂要用力薄涂,涂刷后续涂料时应按规定的每遍涂料的厚度(控制材料用量)均匀、仔细地涂刷。各层涂层之间的涂刷方向相互垂直,以提高防水层的整体性和均匀性。涂层间的接槎,在涂刷时每遍应退槎 50～100 mm,接槎时也应超过 50～100 mm,避免在接槎处发生渗漏。

(2)涂刷防水层前,应进行涂层厚度控制试验,即根据设计要求的涂膜厚度及涂料材性等事先试验,确定每遍涂料涂刷的厚度以及防水层需要涂刷的遍数。每遍涂料涂层厚度以 0.3～0.5 mm 为宜。

(3)在涂刷厚度及用量试验的同时,也应测定每遍涂层实干的间隔时间。防水涂料的干燥时间(表干和实干)因材料的种类、气候的干湿程度等因素的不同而不同,必须根据实验确定涂料干燥时间。

(4)施工前要将涂料搅拌均匀。双组分或多组分涂料要根据用量进行配料搅拌。采用双组分涂料,每次配制数量应根据每次涂刷面积计算确定,混合后材料存放时间不得超过规定可使用时间,不应一次搅拌过多使涂料发生凝聚或固化而无法使用,夏天施工尤为注意。每组分涂料在配料前必须先搅拌均匀。搅拌时应先将主剂投入搅拌器内,然后放入固化剂,并立即开始搅拌,搅拌时间一般为 3～5 min。要注意将材料充分搅拌均匀。主剂和固化剂的混合应严格按厂家配合比配制,偏差不得大于±5%。不同组分的容器、搅拌棒及取料勺等不得混用,以免产生凝胶。单组分涂料,使用前必须充分搅拌,消除因沉淀而产生的不匀质现象。未完的涂料应加盖封严,桶内有少量结膜现象,应清除或过滤后使用。

(5)施工完成后,应有自然养护时间,一般不少于 7 d。在养护期间不得上人行走或在其上操作,禁止在上面堆积物料,避免尖锐物碰撞。

(6)施工人员必须穿软底鞋在屋面操作,施工过程中穿戴好劳动防护用品,屋面施工应有有效的安全防护措施。

【技能要点 2】聚氨酯防水涂膜

1. 施工准备

(1)主要机具设备。

1)机械设备:搅拌器,吹尘器,铺布机具,物料提升设备等。

2)主要工具:大棕毛刷(板长 24～40 cm)、长把滚刷、油刷、大小橡皮刮板、笤帚、料桶、搅拌桶、剪刀、磅秤、抹子、铁锹等。

(2)工作条件。

1)基层施工完毕,检查验收,办理完隐蔽工程验收手续。表面应清扫干净,残留的灰浆硬块及突出部分清除掉,整平修补、抹光。屋面与突出屋面结构连接处等部分阴阳角,做成半径为 20 mm 的圆弧或钝角。水泥砂浆基层表面应保持干燥,不得有起砂、开裂、空鼓等缺陷。

2)所有伸出屋面的管道、水落口等必须安装牢固,不得出现松动、变形、移位等现象。并做好附加层等增强处理。

3)施工环境温度在 5 ℃以上,雨雪、风沙、大风天气均不宜进行施工。

4)机具、材料均已备齐运至现场,并搭设好垂直运输设施。做好屋面施工的安全防护措施。

5)进场主体材料已经检测合格,胎体增强材料,辅助材料达到标准要求。

6)已进行技术交底。

2. 工艺流程

基层处理→涂刷基层处理剂→附加层施工→分层涂布防水资料与铺贴胎体增强材料→淋水或蓄水检验→保护层施工→验收。

3. 基层处理

(1)清理基层表面的尘土、砂粒、砂浆硬块等杂物,并吹(扫)净浮尘。凹凸不平处,应修补。

（2）涂刷基层处理剂:大面积涂刷防水膜前,应做基层处理剂。基层处理剂可以隔断基层潮气,防止涂膜起鼓、脱落,增强涂膜与基层的黏结。基层处理剂可用掺 0.2%～0.5% 乳化剂的水溶液或软化水将涂料稀释,其用量比一般为防水涂料:乳化剂水溶液（或软水）＝1:（0.5～1）。对于溶剂型防水涂料,可用相应的溶剂稀释后使用;也可用沥青溶液（即冷底子油）作为基层处理剂,基层处理剂应涂刷均匀,无露底,无堆积。涂刷时,应用刷子用力薄涂,使涂料尽量刷进基层表面的毛细孔中。

（3）附加层施工:对一头（防水收头）、二缝（变形缝、分格缝）、三口（水落口、出入口、檐口）及四根（女儿墙根、设备根、管道根、烟囱根）等部位,均加做一布二油附加层,使黏贴密实,然后再与大面同时做防水层涂刷。

4.甲乙组分混合

其配料方法是将聚氨酯甲、乙组分和二甲苯按产品说明书配合比及投料顺序配合、搅拌至均匀,配制量视需要确定,用多少配制多少。附加层施工时的涂料也是用此法配制的。

5.大面防水涂布

（1）第一遍涂膜施工:在基层处理剂基本干燥固化后（即为表干不黏手）,用塑料刮板或橡皮刮板均匀涂刷第一遍涂膜,厚度为 0.8～1.0 mm,涂量约为 1 kg/m²。涂刷应厚薄均匀一致,不得有漏刷、起泡等缺陷,若遇起泡,采用针刺消泡。

（2）第二遍涂膜施工:待第一遍涂膜固化,实干时间约为 24 h 涂刷第二遍涂膜。涂刷方向与第一遍垂直,涂刷量略少于第一遍,厚度为 0.5～0.8 mm,用量约为 0.7 kg/m²,要求涂刷均匀,不得漏涂、起泡。

（3）待第二遍涂膜实干后,涂刷第三遍涂膜,直至达到设计规定的厚度。

6.淋水或蓄水检验

第五遍涂料实干后,进行淋水或蓄水检验。条件允许时,有女儿墙的屋面蓄水检验方法是临时封闭水落口,然后用胶管向屋面注水,蓄水高度至泛水高度,时间不少于 24 h。无女儿墙的屋面可做淋水试验,试验时间不少于 2 h,如无渗漏,即认为合格,如发现渗漏,应及时修补。

7. 保护层、隔离层施工

(1)采用撒布材料保护层时,筛去粉料、杂质等,在涂刷最后一层涂料时,边涂边撒布,撒布均匀、不露底、不堆积。待涂膜干燥后,将多余的或黏结不牢的粒料清扫干净。

(2)采用浅色涂料保护层时,涂膜固化后进行,均匀涂刷,使保护层与防水层黏结牢固,不得损伤防水层。

(3)采用水泥砂浆,细石混凝土或板块保护层时,最后一遍涂层固化实干后,做淋水或蓄水检验。合格后,设置隔离层,隔离层可采用干铺塑料膜、土工布或卷材,也可采用铺抹低强度等级的砂浆。在隔离层上施工水泥砂浆、细石混凝土或板块保护层,厚度 20 mm 以上。操作时要轻推慢抹,防止损伤防水层。保护层的施工应符合第三章的相关规定。

8. 安全措施

(1)聚氨酯甲、乙组分及固化剂、稀释剂等均为易燃有毒物品,储存时应放在通风干燥且远离火源的仓库内,施工现场严禁烟火。操作时应严加注意,防止中毒。

(2)施工人员应佩戴防护手套,防止聚氨酯材料玷污皮肤,一旦玷污皮肤,应及时用乙酸乙酯清洗。

【技能要点 3】聚合物乳液建筑防水涂膜

1. 施工准备

(1)主要机具设备。

1)机械设备:搅拌器,吹尘器,铺布机具,物料提升设备等。

2)主要工具:大棕毛刷(板长 24～40 cm)、长把滚刷、油刷、大小橡皮刮板、笤帚、料桶、搅拌桶、剪刀、磅秤、抹子、铁锹等。

(2)工作条件。

1)基层施工完毕,检查验收,办理完隐蔽工程验收手续。表面应清扫干净,残留的灰浆硬块及突出部分清除掉,整平修补、抹光。屋面与突出屋面结构连接处等部分阴阳角,做成半径为 20 mm 的圆弧或钝角。水泥砂浆基层表面应保持干燥,不得有起砂、开裂、空鼓等缺陷。

2)所有伸出屋面的管道、水落口等必须安装牢固,不得出现松动、变形、移位等现象。并做好附加层等增强处理。

3)施工环境温度在 5 ℃以上,雨雪、风沙、大风天气均不宜进行施工。

4)机具、材料均已备齐运至现场,并搭设好垂直运输设施。做好屋面施工的安全防护措施。

5)进场主体材料已经检测合格,胎体增强材料,辅助材料达到标准要求。

6)已进行技术交底。

2. 工艺流程

基层处理→涂刷基层处理剂→附加层施工→大面防水层涂布→淋水或蓄水检验→保护层隔离层施工→验收。

3. 操作要点(以二布六涂为例)

(1)基层处理:将屋面基层清扫干净,不得有浮灰、杂物或油污,表面如有质量缺陷应进行修补。

(2)涂刷基层处理剂:用软化水(或冷开水)按 1:1 比例(防水涂料:软化水)将涂料稀释,薄层用力涂刷基层,使涂料尽量涂进基层毛细孔中,不得漏涂。

(3)附加层施工:檐沟、天沟、落水口、出入口、烟囱、出气孔、阴阳角等部位,应做一布三涂附加层,成膜厚度不少于 1 mm,收头处用涂料或密封材料封严。

(4)4 分层涂布防水涂料与铺贴胎体增强材料:

1)刷第一遍涂料。要求表面均匀,涂刷不得过厚或堆积,不得露底或漏刷。涂布时先涂立面,后涂平面。涂刷时不能将气泡裹进涂层中,如遇起泡应立即用针刺消除。

2)铺贴第一层胎体布,刷第二遍涂料。第一遍涂料经 2～4 h,

表干不粘手后即可铺贴第一层胎体布,同时刷第二遍涂料。涂料涂布应分条或按顺序进行。分条进行时,每条宽度应与胎体增强材料宽度一致,以免操作人员踩踏刚涂好的涂层。

3)刷第三遍涂料。上遍涂料实干后(约 12～14 h)即可涂刷第三遍涂料,要求及做法同涂刷第一遍涂料。

4)刷第四遍涂料,同时铺第二层胎体布。上遍涂料表干后即可刷第四遍涂料,同时铺第二层胎体布。铺第二层胎体布时,上下层不得相互垂直铺设,搭接缝应错开,其间距不应小于幅宽的1/3。具体做法同铺第一层胎体布方法。

5)涂刷第五遍涂料。上遍涂料实干后,即可涂刷第五遍涂料,此时的涂层厚度应达到防水层的设计厚度。

6)涂刷第六遍涂料。淋水或蓄水检验合格后,清扫屋面,待涂层干燥后再涂刷第六遍涂料。

4. 淋水或蓄水检验

第五遍涂料实干后,进行淋水或蓄水检验。条件允许时,有女儿墙的屋面蓄水检验方法是临时封闭水落口,然后用胶管向屋面注水,蓄水高度至泛水高度,时间不少于 24 h。无女儿墙的屋面可做淋水试验,试验时间不少于 2 h,如无渗漏,即认为合格,如发现渗漏,应及时修补。

5. 保护层施工

经蓄水试验合格后,涂膜干燥后按设计要求施工保护层。

6. 施工注意事项

(1)涂料涂布时,涂刷致密是保证质量的关键,涂刷基层处理剂时要用力薄涂,涂刷后续涂料时应按规定的涂膜厚度(控制材料用量)均匀、仔细地分层涂刷。各层涂层之间的涂刷方向相互垂直,涂层间的接槎,在涂刷时每遍应退槎 50～100 mm,接槎时也应超过 50～100 mm。

(2)涂刷防水层前,应进行涂层厚度控制试验,即根据设计要求的涂膜厚度确定每平方米涂料用量,确定每层涂层的厚度用量以及涂刷遍数。每层涂层厚度以 0.3～0.5 mm 为宜。

(3)在涂刷厚度及用量试验的同时,应测定每层涂层实干的间

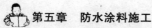

隔时间。防水涂料的干燥时间（表干和实干）因材料的种类、气候的干湿热程度等因素的不同而不同，必须根据实验确定。

（4）材料使用前应用机械搅拌均匀，如有少量结膜或结块时应过滤后使用。

（5）施工人员应穿软底鞋在屋面操作，严禁在防水层上堆积物料，要避免尖锐物碰撞。

【技能要点4】聚合物水泥防水涂膜

1. 施工准备

（1）施工工具。

开刀、凿子、锤子、钢丝刷、扫帚、抹布、台秤、水桶、称料桶、拌料桶、搅拌器、料勺、剪刀、滚子、刷子。

（2）施工条件。

1）防水基层，找平层表面坚实平整，不得有酥松、起砂、起皮现象；排水坡度符合设计要求，立面与平面交接处以及突出屋面结构根部做成圆弧，阴角直径大于 50 mm，阳角直径大于 10 mm，变形缝、分格缝应嵌封处理。

2）基面基本干燥，不能有明水，尘土杂物要彻底清扫干净。

3）阴阳角、管根、天沟、变形缝等细部在大面涂刮前做附加防水层。

2. 工艺流程

基层处理→配料→打底→涂刷下层→无织布→中层→上层的次序逐层完成→蓄水试验→保护层→验收。

3. 操作要点

（1）针对不同的防水工程，相应选择 P1、P2、P3 三种方法的一种或几种组合进行施工。这三种方法涂层结构示意如图 5—1～图 5—3 所示。

P1 工法总用料量 2.1 kg/m²，适用范围：等级较低和一般建筑物的防水。配合比（有机液料∶无机粉料∶水）及各层用量如下：

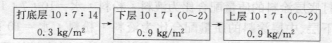

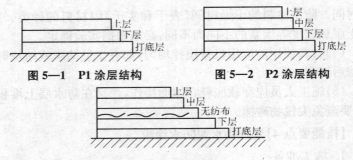

图 5—1 P1 涂层结构   图 5—2 P2 涂层结构

图 5—3 P3 涂层结构

P2 工法总用料量：3.0 kg/m²，适用范围：等级较高和重要建筑物的防水。配合比及各层用量如下：

| 打底层 10：7：14
0.3 kg/m² | → | 下层 10：7：(0～2)
0.9 kg/m² | → | 中层 10：7：(0～2)
0.9 kg/m² | → | 上层 10：7：(0～2)
0.9 kg/m² |

P3 工法总用料量：3.0 kg/m²，适用范围：重要建筑物的防水和建筑物异形部位的防水（如女儿墙、雨水口、阴阳角等）。配合比及各层用量如下：

| 打底层 10：7：14
0.3 kg/m² | → | 下层 10：7：(0～2)
0.9 kg/m² | → | 无纺布按
需要裁剪 | → | 中层 10：7：(0～2)
0.9 kg/m² |

| → | 上层 10：7：(0～2)
0.9 kg/m² |

无纺布的材质是聚酯，单位重量为 35～60 g/m²，厚度 0.25～0.45 mm。

若涂层厚度不够，可加涂一层或数层。

（2）配料。

如果需要加水，先在液料中加水，用搅拌器边搅拌，后徐徐加入粉料，充分搅拌均匀，直到料中不含团粒为止（搅拌时间约为 3 min 左右）。

打底层涂料的质量配合比为液料：粉料：水＝10：7：14。

下层、中层涂料的质量配合比为液料：粉料：水＝10：7：(0～2)；上层涂料可加颜料以形成彩色层，彩色层涂料的质量配合比为液料：粉料：颜料：水＝10：7：(0.5～1)：(0～2)。在规定的加水范围内，斜面、顶面或立面施工应不加或少加水。

(3)涂刷。

用辊子或刷子涂刷，根据选择的工法，按照 打底层 → 下层 → 无纺布 → 中层 → 上层 的次序逐层完成。各层之间的时间间隔以前一层涂膜干固不黏为准(在温度为 20 ℃的露天条件下，不上人施工约需 3 h，上人施工约需 5 h)。现场温度低、湿度大、通风差，干固时间长些；反之短些。

1)涂料(尤其是打底料)有沉淀时随时搅拌均匀，每次蘸料时，先在料桶底部搅动几下，以免沉淀。

2)涂刷要均匀，要求多滚刷几次，使涂层与基层之间不留气泡，黏结牢固。

3)涂层必须按规定用量取料，不能过厚或过薄，若最后防水层厚度不够，可加涂一层或数层。

(4)混合后涂料的可用时间。

在液料：粉料：水＝10：7：2，环境温度为 20 ℃的露天条件下，涂料可用时间约 3 h。现场环境温度低，可用时间长些；反之短些。涂料过时稠硬后，不可加水再用。

(5)干固时间。

在液料：粉料：水＝10：7：2，环境温度为 20 ℃的露天条件下，涂层干固时间约 3 h。

(6)涂层颜色。

聚合物水泥防水涂料的本色为半透明乳白色，加入占液料质量 5%～10%的颜料，可制成各种彩色涂层，颜料应选用中性的无机颜料，一般选用氧化铁系列，选用其他颜料须先经试验后方可使用。

(7)保护层施工。

经蓄水试验合格后，涂膜干燥符合设计要求后施工保护层。

【技能要点 5】涂膜防层质量标准

1. 主控项目

(1)防水涂料和胎体增强材料必须符合设计要求。

检验方法:检查出厂合格证、质量检验报告和现场抽样复验报告。

(2)涂膜防水层不得有渗漏或积水现象。

检验方法:雨后或淋水、蓄水检验。

(3)涂膜防水层在天沟、檐沟、檐口、水落口、泛水、变形缝和伸出屋面管道的防水构造,必须符合设计要求。

检验方法:观察检查和检查隐蔽工程验收记录。

2. 一般项目

(1)涂膜防水层的平均厚度应符合设计要求,最小厚度不应小于设计厚度的80%。

检验方法:针测法或取样量测。

(2)涂膜防水层与基层应黏结牢固,表面平整,涂刷均匀,无流淌、皱折、鼓泡、露胎体和翘边等缺陷。

检验方法:观察检查。

(3)涂膜防水层上的撒布材料或浅色涂料保护层应铺撒或涂刷均匀,黏结牢固;水泥砂浆、块材或细石混凝土保护层与涂膜防水层间应设置隔离层;刚性保护层的分格缝留置应符合设计要求。

检验方法:观察检查。

【技能要点 6】施工安全措施

(1)防水施工企业应当建立健全劳动安全生产教育培训制度,加强对职工安全生产的教育培训;未经安全生产教育培训的人员,不得上岗作业。

(2)防水工进入施工现场时,必须正确佩戴安全帽。

(3)高处作业施工要遵守相关施工组织设计和安全技术交底的要求。

(4)凡在坠落高度基准面2 m以上,无法采取可靠防护措施的高处作业防水人员,必须正确使用安全带,安全带应定期检查,以确保安全。

(5)屋面防水施工使用的材料、工具等必须放置平稳,不得放置在屋面檐口、洞口或女儿墙上。

(6)遇有五级以上大风、雨雪天气,应停止施工,并对已施工的防水层采取措施加以保护。

(7)有机防水材料与辅料,应存放于专用库房内:库房内应干燥通风,严禁烟火。

(8)施工现场和配料场地应通风良好,操作人员应穿软底鞋、工作服,扎紧袖口,佩戴手套及鞋盖。

(9)涂刷基层处理剂和胶粘剂时,油漆工应戴防毒口罩和防护眼镜,操作过程中不得用手直接揉擦皮肤。

(10)患有心脏病、高血压、癫痫或恐高症的病人及患有皮肤病、眼病或刺激过敏者,不得参加防水作业。施工过样中发生恶心、头晕、过敏等现象时,应停止作业。

(11)用热玛脂黏铺卷材时,浇油或铺毡人员应保持一定距离,壶嘴向下,不准对人,侧身操作,防止热油飞溅烫伤。浇油时,檐口下方不得有人行走或停留。

(12)使用液化气喷枪或汽油喷灯点火时,火嘴不准对人。汽油喷灯加油不能过满,打气不能过足。

(13)在坡度较大的屋面施工时,应穿防滑鞋,设置防滑梯,物料必须放置平稳。

(14)屋面四周没有女儿墙和未搭设外脚手架时,屋面防水施工必须搭设好防护栏杆,高度大于 1.2 m,防护栏杆应牢固可靠。

(15)屋面防水施工应做到安全有序、文明施工、不损害公共利益。

(16)清理基层时应防止尘土飞扬。垃圾杂物应装袋运至地面,放在指定地点。严禁随意抛掷。

(17)施工现场禁止焚烧下脚料或废弃物,应集中处理。严禁防水材料混入土方回填。

(18)聚氨酯甲、乙组分及固化剂、稀释剂等均为易燃有毒物品,储存时应放在通风干燥且远离火源的仓库内,施工现场严禁烟火。操作时应严加注意,防止中毒。

第二节　涂料防水层

【技能要点 1】施工要求

(1)涂膜防水层包括无机防水涂料和有机防水涂料。无机防水涂料可选用水泥基防水涂料、水泥基渗透结晶型涂料。有机涂料可选用反应型、水乳型、聚合物水泥防水涂料。

防水涂料厚度见表5—1。

表 5—1　防水涂料厚度　　　　　(单位:mm)

防水等级	设防道数	有机涂料			无机涂料	
		反应型	水乳型	聚合物水泥	水泥基	水泥基渗透结晶型
Ⅰ级	三道或三道以上设防	1.2～2.0	1.2～1.5	1.5～2.0	1.5～2.0	≥0.8
Ⅱ级	二道设防	1.2～2.0	1.2～1.5	1.5～2.0	15～2.0	≥0.8
Ⅲ级	一道设防	—	—	≥2.0	≥2.0	—
	复合设防	—	—	≥1.5	≥1.5	—

(2)无机防水涂料宜用于结构主体的背水面,有机防水涂料宜用于结构主体的迎水面。用于背水面的有机防水涂料应具有较高的抗渗性,且与基层有较强的黏结力。

(3)防水涂料为多组分材料时,配料应按配合比规定准确计量、搅拌均匀,每次配料量必须保证在规定的可操作时间内涂刷完毕,以免固化失效。

(4)涂料防水层所用的材料必须配套使用,所有材料均应有产品合格证书,性能检测报告,材料的品种、规格、性能等应符合国家现行标准和设计要求。

(5)潮湿基层宜选用与潮湿基面黏结力大的无机涂料或有机涂料,或采用先涂水泥基类无机涂料而后涂有机涂料的复合涂层。

(6)冬季施工宜选用反应型涂料,如用水乳型涂料,温度不得低于5℃。

(7)埋置深度较深的重要工程、有振动或有较大变形的工程宜选用高弹性防水涂料。

(8)有腐蚀性的地下环境宜选用耐腐蚀性较好的反应型、水乳型、聚合物水泥涂料并做刚性保护层。

(9)水泥基防水涂料的厚度宜为 1.5～2.0 mm;水泥基渗透结晶型防水涂料的厚度不应小于 0.8 mm;有机防水涂料根据材料的性能,厚度宜为 1.2～2.0 mm。

(10)顶板的细石混凝土保护层与防水层之间应设隔离层。

(11)底板的细石混凝土厚度应大于 50 mm。

(12)侧墙宜采用聚乙烯泡沫塑料或聚苯乙烯泡沫塑料保护层,或砖砌保护墙边砌边填实和铺抹 30 mm 厚水泥砂浆。

【技能要点2】施工准备

1. 技术交底

(1)单位工程、分部工程和分项工程开工前,项目技术负责人应向承担施工的负责人或分包人进行书面技术交底。技术交底资料应办理签字手续并归档。

(2)在施工过程中,项目技术负责人对发包人或监理工程师提出的有关施工方案、技术措施及设计变更的要求,应在执行前向执行人员进行书面技术交底。

(3)技术交底内容应包括施工项目的施工作业特点和危险点;针对危险点的具体预防措施;应注意的安全事项;相应的安全操作规程和标准;发生事故后应及时采取的避难和急救措施。

(4)其具体要求为熟悉设计图纸及施工验收规范,掌握涂膜防水的具体设计和构造要求;人员、物资、机具、材料的组织计划;与其他分项工程的搭接、交叉、配合;原材料的规格、型号、质量要求、检验方法;施工工艺流程及施工工艺中的技术要点。

2. 材料要求

(1)涂料等原材料进场时应检查其产品合格证及产品说明书,对其主要性能指标应进行复检,合格后方可使用。材料进场后应由专人保管,注意通风、严禁烟火,保管温度不超过 40 ℃,贮存期一般为 6 个月。防水涂膜的外观质量和物理性能应符合《地下防水工程质量验收规范》(GB 50208—2002)附录 A 第 A.0.2 条的各项要求,见表 5—2~表 5—4,同时须经试验检验。

表 5—2 有机防水涂料物理性能

涂料种类	可操作时间(min)	潮湿基面黏结强度(MPa)	抗渗性(MPa)			浸水168 h后断裂伸长率(%)	浸水168 h后拉伸强度(MPa)	耐水性(%)	表干(h)	实干(h)
			涂膜(30 min)	砂浆迎水面	砂浆背水面					
反应型	≥ 20	≥ 0.3	≥ 0.3	≥ 0.6	≥ 0.2	≥ 300	≥ 1.65	≥ 80	≤ 8	≤ 24
水乳型	≥ 50	≥ 0.2	≥ 0.3	≥ 0.6	≥ 0.2	≥ 350	≥ 0.5	≥ 80	≤ 4	≤ 12
聚合物水泥	≥ 30	≥ 0.6	≥ 0.3	≥ 0.8	≥ 0.6	≥ 80	≥ 1.5	≥ 80	≤ 4	≤ 12

表 5—3 无机防水涂料物理性能

涂料种类	抗折强度(MPa)	黏结强度(MPa)	抗渗性(MPa)	冻融循环
水泥基防水涂料	> 4	> 1.0	> 0.8	> D50
水泥基渗透结晶型防水涂料	≥ 3	≥ 1.0	> 0.8	> D50

表 5—4 胎体增强材料质量要求

项目		聚酯无纺布	化纤无纺布	玻纤网布
外观		均匀无团状,平整无折皱		
拉力(宽 50 mm)	纵向(N)	≥ 150	≥ 45	≥ 90
	横向(N)	≥ 100	≥ 35	≥ 50
延伸率	纵向(%)	≥ 10	≥ 20	≥ 3
	横向(%)	≥ 20	≥ 25	≥ 3

(2)涂膜防水层应按设计规定选用材料,对所选涂料及其配套材料的性能应了解,胎体的选用应与涂料材性相搭配。应选用无毒难燃低污染的涂料。涂料施工时应有适合大面积防水涂料施工可操作时间。

(3)涂膜要有一定的黏结强度,特别是在潮湿基面(即基面含水饱和但无渗漏水)上有一定的黏结强度。无机防水涂料应具有良好的耐磨性和抗刺穿性;有机防水涂料应具有较好的延伸性及较大适应基层变形的能力。

3. 施工机具、设备、施工现场要求

(1)涂膜防水施工的主要施工机具为垂直运输机具和作业面水平运输工具,配料专用容器、搅拌用具以及施工中的涂刷辊压等小型工具。

(2)熟悉设计图纸及相关施工验收规范,掌握涂膜防水的具体设计和构造要求。编制涂膜防水工程分项施工方案、作业指导书等文件。

(3)涂料防水的上道工序防水基层已经完工,并通过验收。地下结构基层表面应平整、牢固、不得有起砂、疏松、空鼓等缺陷,基层表面的泥土、浮尘、油污、砂粒疙瘩等必须清除干净。

(4)基层表面应洁净干燥。施工期间应做好排防水工作,使地下水位降至涂膜防水层底部最低标高以下 300 mm,以利于防水涂料的充分固化。施工完毕,须待涂层完全固化成膜后,才可撤掉排防水装置,结束排水工作。

（5）涂料施工前，基层阴阳角应做成圆弧形，阴角直径宜大于50 mm，阳角直径宜大于 10 mm。

（6）涂料施工前应先对阴阳角、预埋件、穿墙管等部位进行密封或加强处理。

【技能要点 3】工艺流程

准备工作→基层处理→防水涂料涂刷→铺设胎体→防水层收头处理→保护层施工。

【技能要点 4】施工要点

1. 涂刷前的准备工作

（1）基层干燥程序要求：基层的检查、清理、修整应符合要求。基层的干燥程度应视涂料特性而定，水乳型涂料，基层干燥程度可适当放宽；溶剂型涂料，基层必须干燥。

（2）配料的搅拌：采用双组分涂料时。每份涂料在配料前必须先搅匀。配料应根据材料生产厂家提供的配合比现场配制，严禁任意改变配合比。配料时要求计量准确（过秤），主剂和固化刑的混合偏差不得大于 5%。

涂料放入搅拌容器或电动搅拌器内，并立即开始搅拌。搅拌筒应选用圆的铁桶或塑料桶，以便搅拌均匀。采用人工搅拌时，要注意将材料上下、前后、左右及各个角落都充分搅匀，搅拌时间一般在 3～5 min。掺入固化剂的材料应在规定时间使用完毕。搅拌的混合料以颜色均匀一致为标准。

（3）涂层厚度控制试验：涂膜防水施工前，必须根据设计要求的涂膜厚度及涂料的含固量确定（计算）每平方米涂料用量及每道涂刷的用量以及需要涂刷的遍数。如一布三涂，即先涂底层，铺加胎体增强材料，再涂面层，施工时就要按试验用量，每道涂层分几遍涂刷，而且面层最少应涂刷 2 遍以上，合成高分子涂料还要保证涂层达到 1 mm 厚才可铺设胎体增强材料，以有效、准确地控制涂膜层厚度，从而保证施工质量。

（4）涂刷间隔时间实验：涂刷防水涂料前必须根据其表干和实

干时间确定每遍涂刷的涂料用量和间隔时间。

2. 喷涂(刷)基层处理剂

涂(刷)基层处理剂时,应用刷子用力薄涂,使涂料尽量刷进基层表面毛细孔中,并将基层可能留下的少量灰尘等无机杂质,像填充料一样混入基层处理剂中,使之与基层牢固结合。涂刷时须薄而均匀,养护 2~5 h 后进行底层防水涂膜施工。

3. 涂料涂刷

可采用棕刷、长柄刷、橡胶刮板、圆滚刷等进行人工涂布,也可采用机械喷涂。涂布立面最好采用醮涂法,涂刷应均匀一致。涂刷平面部位倒料时要注意控制涂料的均匀倒洒,避免造成涂料难以刷开、厚薄不匀等现象。前一遍涂层干燥后应将涂层上的灰尘、杂质清理干净后再进行后一遍涂层的涂刷。每层涂料涂布应分条进行,分条进行时,每条宽度应与胎体增强材料宽度相一致,每次涂布前,应严格检查前遍涂层的缺陷和问题,并立即进行修补后,方可再涂布下一遍涂层,涂层的总厚度应符合设计要求。

地下工程结构有高低差时,在平面上的涂刷应按"先高后低,先远后近"的原则涂刷。立面则由上而下,先涂转角及特殊应加强部位,再涂大面。同层涂层的相互搭接宽度宜为 30~50 mm。涂料防水层的施工缝(甩槎)应注意保护,搭接缝宽度应大于 100 mm,接涂前应将接槎处表面处理干净。

两层以上的胎体增强材料可以是单一品种的,也可采用玻纤布和聚酯毡混合使用。如果混用时,一般下层采用聚酯毡,上层采用玻纤布。

胎体增强材料铺设后,应严格检查表面是否有缺陷或搭接不足等现象。如发现上述情况,应及时修补完整,使它形成一个完整的防水层。

4. 收头处理

为防止收头部位出现翘边现象,所有收头均应用密封材料压边,压边宽度不得小于 10 mm。收头处的胎体增强材料应裁剪整齐,如有凹槽时应压入凸槽内,不得出现翘边、皱折、露白等现象,否则应先进行处理后再涂封密封材料。

5. 涂膜保护层施工

涂膜施工完毕后,经检查合格后,应立即进行保护层的施工,及时保护防水层免受损伤。保护层材料的选择应根据设计要求及所用防水涂料的特性而定。保护层应符合下列规定:

(1)底板、顶板应采用 20 mm 厚 1∶2.5 水泥砂浆层和 40～50 mm 厚的细石混凝土保护,顶板防水层与保护层之间宜设置隔离层。

(2)侧墙背水面应采用 20 mm 厚 1∶2.5 水泥砂浆层保护。

(3)侧墙迎水面宜选用软保护层或 20 mm 厚 1∶2.5 水泥砂浆层保护。

平面的防水层可做 80 mm 的 C20 细石混凝土保护层,侧墙宜采用聚苯乙烯泡沫塑料保护层或砌砖保护墙边砌边填实。保护层细石混凝土应设置分仓缝,纵横向均匀为 5 m 设置一条缝,缝宽不大于 10 mm,深 10 mm,缝口呈三角形,内填 PVC 胶泥,分仓缝应与诱导缝对准。

6. 防水涂料施工注意事项

(1)涂料材料及配套材料为同一系列产品具有相容性,配料计量准确,拌和均匀,每次拌料在可操作时间内使用完毕。双组分防水涂料操作时必须做到各组分的容器、搅拌棒,取料勺等不得混用,以免产生凝胶。

(2)涂膜防水层的基层一经发现出现有强度不足引起的裂缝应立刻进行修补,凹凸处也应修理平整。基层干燥程度应符合所用防水涂料的要求方可施工。

(3)涂刷程序应先做转角处、穿墙管道、变形缝等部位的涂料加强层,后进行大面积涂刷。节点的密封处理、附加增强层的施工应达到要求。

(4)有胎体增强材料增强层时,在涂层表面干燥之前,应完成胎体增强材料铺贴,涂膜干燥后,再进行胎体增强材料以上涂层涂刷。注意控制胎体增强材料铺设的时机、位置,铺设时要做到平

整、无皱折、无翘边,搭接准确;涂料防水层中铺贴的胎体增强材料,同层相邻的搭接宽度应大于 100 mm,上下接缝应错开 1/3 幅宽。涂料应浸透胎体,覆盖完全,不得有胎体外露现象。

(5)严格控制防水涂膜层的厚度和分遍涂刷厚度及间隔时间。涂刷应厚薄均匀、表面平整。涂膜应根据材料特点,分层涂刷至规定厚度,每次涂刷不可过厚,在涂刷干燥后,方可进行上一层涂刷,每层的接槎(搭接)应错开,接槎宽度 30～50 mm,上下两层涂膜的涂刷方向要交替改变。涂料涂刷全面、严密。

(6)涂料防水层的施工缝(甩槎)应注意保护,搭接缝宽应大于 100 mm,接涂前应将其甩槎表面处理干净。

(7)防水涂料施工后,应尽快进行保护层施工,在平面部位的防水涂层,应经一定自然养护期后方可上人行走或作业。

【技能要点 5】质量标准

1. 主控项目

(1)涂料防水层所用材料及配合比必须符合设计要求。

检验方法:检查出厂合格证、质量检验报告、计量措施和现场抽样试验报告。

(2)涂料防水层及其转角处、变形缝、穿墙管道等细部做法均须符合设计要求。

检验方法:观察检查和检查隐蔽工程验收记录。

2. 一般项目

(1)涂料防水层的基层应牢固,基层表面应洁净、平整,不得有空鼓、松动、起砂和脱皮现象;基层的阴阳角处应做成圆弧形。

检验方法:观察检查和检查隐蔽工程验收记录。

(2)涂料防水层与基层应黏结牢固,表面平整、涂刷均匀,不得有流淌、皱折、鼓泡、露胎体和翘边等缺陷。

检验方法:观察检查。

(3)涂料防水层的平均厚度应符合设计要求,最小厚度不得小于设计厚度的 80%。

检验方法:针测法或割取 20 mm×20 mm 实样用卡尺测量。

(4)侧墙涂料防水层的保护层与防水层黏结牢固,结合紧密,厚度均匀一致。

检验方法:观察检查。

【技能要点6】安全施工措施

(1)涂料应达到环保环境要求,应选用符合环保要求的溶剂。因此,配料和施工现场应有安全及防火措施,涂料在贮存、使用全过程应特别注意防火。所有施工人员都必须严格遵守操作要求。

(2)着重强调临边安全,防止抛物和滑坡,防水涂料严禁在雨天、雪天、雾天施工;五级风及其以上时不得施工。

(3)施工现场应通风良好,在通风差的地下室作业,应有通风措施,高温天气施工,须做好防暑降温措施,现场操作人员应戴防护物品,避免污染或损伤皮肤。操作人员每操作 $1\sim2$ h 应到室外休息 $10\sim15$ min。

(4)清扫及砂浆拌和过程要避免灰尘飞扬,施工中生成的建筑垃圾要及时清理、清运。

(5)预计涂膜固化前有雨时不得施工,施工中遇雨应采取遮盖保护措施。

(6)溶剂型高聚物改性沥青防水涂料和合成高分子防水涂料的施工环境温度宜为 $-5\ ℃\sim35\ ℃$;水乳型防水涂料的施工温度必须符合规范规定要求,施工环境温度宜为 $5\ ℃\sim35\ ℃$,严冬季节施工气温不得低于 $5\ ℃$。

第六章　油漆工安全操作与环保

第一节　涂装工程安全管理

【技能要点1】油漆工安全操作规程

(1)各种油漆材料(汽油、漆料、稀料)应单独存放在专用库房内,不得与其他材料混放。库房应通风良好。易挥发的汽油、稀料应装入密闭容器中,严禁在库房内吸烟和使用任何明火。

(2)油漆涂料的配制应遵守以下规定。

1)调制油漆应在通风良好的房间内进行。制有害油漆涂料时,应戴好防毒口罩、护目镜,穿好与之相适应的个人防护用品。工作完毕应冲洗干净。

2)工作完毕,各种油漆涂料的溶剂桶(箱)要加盖封严。

3)工作人员应进行体检,患有眼病、皮肤病、气管炎、结核病者不宜从事此项作业。

(3)使用人字梯应遵守以下规定。

1)高度2 m以下作业(超过2 m按规定搭设脚手架)使用的人字梯应四脚落地,摆放平稳,梯脚应设防滑橡胶垫和保险拉链。

2)人字梯上搭铺脚手板,脚手板两端搭接长度不得少于20 cm。脚手板中间不得同时两人操作,梯子挪动时,作业人员必须下来,严禁站在梯子上踩高跷式挪动。人字梯顶部铰轴不准站人,不准铺设脚手板。

3)人字梯应经常检查,发现开裂、腐朽、榫头松动、缺挡等不得使用。

(4)使用喷灯应遵守以下规定。

1)使用喷灯前应首先检查开关及零部件是否完好,喷嘴要畅通。

2)喷灯加油不得超过容量的4/5。

3)每次打气不能过足。点火应选择在空旷处,喷嘴不得对人。气筒部分出现故障,应先熄灭喷灯,再行修理。

(5)外墙、外窗、外楼梯等高处作业时,应系好安全带。安全带应高持低用,挂在牢靠处。油漆窗户时,严禁站在或骑在窗栏上操作,刷封沿板或水落管时,应利用脚手架或专用操作平台架。

(6)刷坡度大于25°的铁皮层面时,应设置活动跳板、防护栏杆和安全网。

(7)刷耐酸、耐腐蚀的过氧乙烯涂料时,应戴防毒口罩。打磨砂纸时必须戴口罩。

(8)在室内或容器内喷涂,必须保持良好的通风。喷涂时严禁对着喷嘴察看。

(9)空气压缩机压力表和安全阀必须灵敏有效。高压气管各种接头应牢固,修理料斗气管时应关闭气门,试喷时不准对人。

(10)喷涂人员作业时,如头痛、恶心、心闷和心悸等,应停止作业,到户外通风处换气。

【技能要点 2】涂装防火防爆

涂料的溶剂和稀释剂都属易燃品,具有很强的易燃性。这些物品在涂装施工过程中形成漆雾和有机溶剂蒸气,达到一定浓度时,易发生火灾和爆炸。常用溶剂爆炸界限,见表6—1。

表6—1　常用溶剂的爆炸界限

名称	爆炸下限		爆炸上限	
	%（容量）	g/m³	%（容量）	g/m³
苯	1.5	48.7	9.5	308
甲苯	1.0	38.2	7.0	264
二甲苯	3.0	130.0	7.6	330
松节油	0.8	—	44.5	—
漆用汽油	1.4	—	6.0	—
甲醇	3.5	46.5	36.5	478

续上表

名称	爆炸下限		爆炸上限	
	%（容量）	g/m³	%（容量）	g/m³
乙醇	2.6	49.5	18.0	338
正丁醇	1.68	51.0	10.2	309
丙酮	2.5	60.5	9.0	218
环乙酮	1.1	44.0	9.0	—
乙醚	1.85	—	36.5	
醋酸乙酯	2.18	80.4	11.4	410
醋酸丁酯	1.70	80.6	15.0	715

【技能要点3】涂装安全技术

1. 一般要求

（1）施工前要对操作人员进行防火安全教育和安全技术交底。

（2）涂装操作人员应穿工作服、戴乳胶手套、防尘口罩、防护眼镜、防毒面具等防护用品；患有慢性皮肤病或对某些物质有过敏反应者，不宜参加施工。

2. 防火防爆

（1）配制使用乙醇、苯、丙酮等易燃材料的施工现场，应严禁烟火和使用电炉等明火设备，并应备置消防器材。

（2）配制硫酸溶液时，应将硫酸注入水中，严禁将水注入酸中；配制硫酸乙酯时，应将硫酸慢慢注入酒精中，并充分搅拌，温度不得超过 60 ℃，以防酸液飞溅伤人。

（3）防腐涂料的溶剂，常易挥发出易燃易爆的蒸气，当达到一定浓度后，遇火易引起燃烧或爆炸，施工时应加强通风降低积聚浓度。

3. 防尘防毒

（1）研磨、筛分、配料、搅拌粉状填料，宜在密封箱内进行，并有防尘措施，粉料中二氧化硅在空气中的浓度不得超过 2 mg/ m³。

（2）酚醛树脂中的游离酚，聚氨基甲酸酯涂料含有的游离异氰酸基,漆酚树脂漆含有的酚,水玻璃材料中的粉状氟硅酸钠,树脂类材料使用的固化剂如乙二胺、间苯二胺、苯磺酰氯、酸类及溶剂,如溶剂汽油和丙酮均有毒性,现场除自然通风外,还应根据情况设置机械通风,保持空气流通,使有害气体含量小于允许含量极限。

【技能要点4】安全注意事项

(1)涂料施工的安全措施主要要求:涂漆施工场地要有良好的通风,如在通风条件不好的环境涂漆时,必须安装通风设备。

(2)因操作不小心,涂料溅到皮肤上时,可用木屑加肥皂水擦洗;最好不用汽油或强溶剂擦洗,以免引起皮肤发炎。

(3)使用机械除锈工具(如钢丝刷、粗锉、风动或电动除锈工具)清除锈层、工业粉尘、旧漆膜时,为避免眼睛被玷污或受伤,要戴上防护眼镜,并戴上防尘口罩,以防呼吸道被感染。

(4)在涂装对人体有害的漆料(如红丹的铅中毒、天然大漆的漆毒、挥发型漆的溶剂中毒等)时,需要带上防毒口罩、封闭式眼罩等保护用品。

(5)在喷涂硝基漆或其他挥发型易燃性较大的涂料时,严禁使用明火,严格遵守防火规则,以免失火或引起爆炸。

(6)高空作业时要戴安全带,双层作业时要戴安全帽;要仔细检查跳板、脚手杆子、吊篮、云梯、绳索、安全网等施工用具有无损坏、捆扎牢不牢,有无腐蚀或搭接不良等隐患;每次使用之前均应在平地上做起重试验,以防造成事故。

(7)施工场所的电线,要按防爆等级的规定安装;电动机的起动装置与配电设备,应该是防爆式的,要防止漆雾飞溅在照明灯泡上。

(8)不允许把盛装涂料、溶剂或用剩的漆罐开口放置。浸染涂料或溶剂的破布及废棉纱等物,必须及时清除;涂漆环境或配料房要保持清洁,出入通畅。

(9)操作人员涂漆施工时,如感觉头痛、心悸或恶心,应立即离开施工现场,在通风良好的环境里换换新鲜空气,如仍然感到不适,可速去院检查治疗。

第二节　家装涂料室内污染

【技能要点1】涂料污染的原因

1. 涂料的组成及其污染成分

"乳胶漆"用水作溶剂,污染相对较小,一般不会造成急性中毒,但仍是一个重要的污染源。因为乳胶漆中含有大量的成膜助剂,这些成分是分子量不大的有机化合物,会长期缓慢释放出来,往往成为可疑性致癌物质。特别是在乳胶漆底层用的"腻子",往往含有大量的甲醛。如国家明令禁用于家装的108胶水,现在仍大量使用于"腻子"中。

第二类涂料就是"油漆",主要是因为含有大量有机溶剂和游离反应单体,可引起急性中毒或致癌。并且,所有这些挥发性的有机物进入大气后都会造成大气污染。

2. 几种常见的重污染物质

(1)甲醛,分子式HCHO,其40%水溶液俗称福尔马林,无色可燃气体,强刺激性,窒息性气味,对人的眼、鼻等有刺激作用,与空气爆炸极限7%～73%着火温度约430℃。

毒性:吸入甲醛蒸汽会引起恶心、鼻炎、支气管炎和结膜炎等。接触皮肤会引起灼伤。应用大量水冲洗,肥皂水洗涤,空气中最大容许浓度为$10×10^{-6}$。

(2)苯类物质:纯苯(C_6H_6);甲苯($C_6H_5CH_3$);二甲苯($CH_3C_6H_4CH_3$)。其中毒性最弱的是二甲苯,其毒性如下:

大鼠经口最低致死量4 000 mg/kg,对小鼠致死量15～35 mg/L。人体长期吸入浓度超标的蒸汽,会出现疲惫、恶心、全身无力等症状,一般经治疗可愈,但也有因造血功能被破坏而患致死的颗粒性白细胞消失症。

(3)甲苯二异氰酸酯:即"固化剂",产品中的成分是经低度聚合的,毒性较小,但难免有部分未经聚合的游离甲苯二异氰酸酯,特别是市场上五花八门的品牌,部分市售的油漆都可能超标,其毒性如下:

　　剧毒,对皮肤,眼睛和黏膜有强烈的刺激作用,长期接触可引起支气管炎,少数病例呈哮喘状支气管扩张甚至肺心病等,大鼠$(0.5\sim1)\times10^{-6}$浓度下每天吸入 6 h,5~10 d 致死,人体吸入 0.000 5 mg/L 后,即发生严重咳嗽,空气中最高容许浓度为 0.14 mg/m³。

　　(4)漆酚:大漆中含有大量的漆酚,毒性很大。常会引起皮肤过敏。现在一些低档漆中常用。

　　3. 有机溶剂对大气的污染

　　有机溶剂对大气的污染主要是因为光化反应,造成了地面(生活空间)的臭氧含量升高,而人类生存环境中的臭氧浓度应不大于0.12×10^{-6}。

【技能要点 2】涂料 VOC

　　我国已颁布的《室内装饰装修材料溶剂型木器涂料中有害物质限量》(GB 18581—2009)和《室内装饰装修材料内墙涂料中有害物质限量》(GB 18582—2008),标准中明确规定了硝基漆类 VOC指标定为 750 g/L,醇酸漆类 VOC 指标定为 550 g/L,硝基、醇酸、聚氨酯三类漆的苯含量指标为 0.5%,硝基漆类甲苯和二甲苯的总量指标定为 45%,醇酸漆类的甲苯和二甲苯的总量指标定为10%,聚氨酯漆类的甲苯和二甲苯的总量指标定为 40%,聚氨酯涂料中游离 TDI 指标定为 0.7%;墙面涂料中 VOC 为 200 g/L,游离甲醛指标定为 0.1 g/kg。

参考文献

[1] 段培杰,李吉曼.装饰装修油漆工问答[M].北京:机械工业出版社,2007.

[2] 付大海.油漆工技巧问答[M].北京:化学工业出版社,2002.

[3] 韩实彬.油漆工长[M].北京:机械工业出版社,2007.

[4] 刘同合,武国宽,李天军.油漆工手册(第三版)[M].北京:中国建筑工业出版社,2005.

[5] 吴兴国.油漆工[M].北京:中国环境科学出版社,2003.

[6] 胡义铭.油漆工安全技术[M].北京:化学工业出版社,2005.

[7] 建设部人事教育司组织.油漆工[M].北京:中国建筑工业出版社,2007.

[8] 孙歆硕.油漆工小手册[M].北京:中国电力出版社,2006.

[9] 雍传德,雍世海.油漆工操作技巧[M].北京:中国建筑工业出版社,2003.